YURU YURU

悠哉悠哉恐龍圖鑑

漫畫 かげ

Museum Park
茨城縣自然博物館研究專員
監製 加藤太一

晨星出版

序言

距今大約二億三千萬年前到六千六百萬年前，地球上住著各種各樣的恐龍。恐龍們一路演化成形形色色的姿態與生態，包含攻擊獵物時孔武有力的暴龍、背上長有成排骨板的劍龍，或是體型小但動作敏捷的美頜龍等等。同時期裡除了恐龍之外，也有翼龍或蛇頸龍等爬蟲類在空中和水中頻繁活動。不過，如今這些生物都已經不幸滅絕，我們也沒有機會一睹牠們的風采。

因此，全世界的研究家紛紛著手調查研究從各地挖掘出來的化石，試圖揭開恐龍們過去的神祕生態。在日本各地，也有多處進行著挖掘行動，每年都會帶來新的發現。

如果大家閱讀完這本圖鑑後，有興趣更進一步了解恐龍的話，一定要前往博物館去看一看恐龍的化石或模型。這麼一來就能夠實際感受到恐龍的體型有多麼巨大、氣勢有多麼驚人，相信也會獲得不一樣的感動。

最後，衷心期盼在閱讀完這本圖鑑後，會有很多讀者朋友們變成恐龍迷或成為研究家。

Museum Park 茨城縣自然博物館
研究專員　加藤太一

如何閱讀本書？

漫畫

介紹恐龍如何生活的漫畫。

特徵

恐龍的特徵。好比說，讓人覺得很有趣或很厲害的地方。

恐龍的名稱

有些是生物的物種名，有些是屬名。

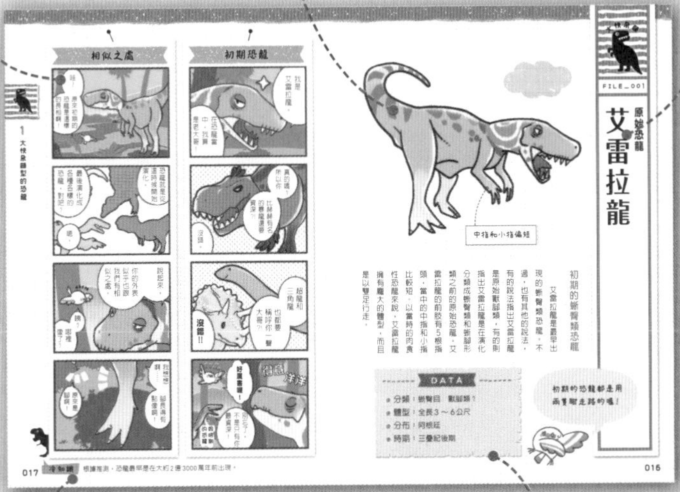

相似之處
初期恐龍
FILE_001
原始恐龍
艾雷拉龍
中指和小指偏短
初期的蜥臀類恐龍
艾雷拉龍是最早出現的蜥臀類恐龍。不過，也有其他的說法，有的說法指出艾雷拉龍是原始獸腳類，有的則指出艾雷拉龍是在演化分類成蜥臀類和蜥腳形類之前的原始恐龍。艾雷拉龍的前肢有5根指頭，當中的中指和小指比較短。以當時的肉食性恐龍來說，艾雷拉龍擁有龐大的體型，而且是以雙足行走。
DATA
分類：蜥臀目　獸腳類？
體型：全長3～6公尺
分布：阿根廷
時期：三疊紀後期
初期的恐龍都是用兩隻腳走路的喔！
冷知識　根據推測，恐龍最早是在大約2億3000萬年前出現。
017
016

冷知識

恐龍的祕密。只要知道這些冷知識，你也可以當一個恐龍博士?!

DATA（基本資料）

分類、體型大小、存活時期等資訊。

本書的導遊

小鴿

不知為何，一隻小鴿子來到了恐龍世界旅行。或許這本圖鑑裡的恐龍世界是牠的夢境也說不定?!據說，鴿子和恐龍其實有著很深的淵源呢！

※實際上，鴿子並不存在於恐龍時代。

目錄

悠哉悠哉 恐龍圖鑑

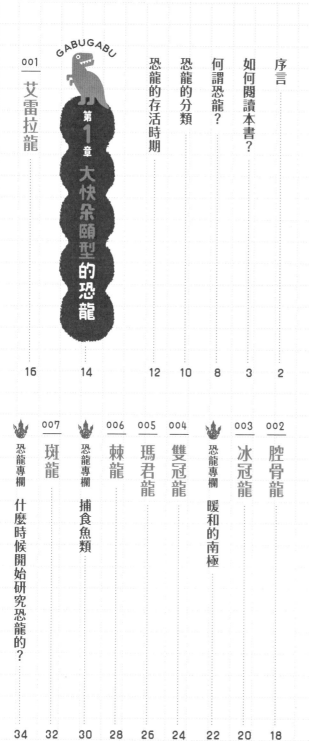

MOGUMOGU

第2章 細嚼慢嚥型的恐龍 …… 100

何謂恐龍？

恐龍是什麼樣的生物？

恐龍是很久很久以前曾經在地球上存活過的一種生物屬名。恐龍的體型大大小小皆有，有高達幾十公尺的龐然大物，也有和小狗差不多體型的恐龍。

另外，恐龍也可大致分為兩類，一種是會捕食其他生物的肉食性恐龍，另一種是以植物為食物的植食性恐龍。據說，也存在過生物和植物通吃的雜食性恐龍。如今，恐龍已經不幸滅絕，因此都是從挖掘到的化石中進行各種研究。

▲恐爪龍

▼腕龍

恐龍和其他生物的差別

目前還存活在地球上的生物當中，有什麼生物和恐龍屬於同類呢？雖然恐龍長得很像鱷魚或蜥蜴等爬蟲類，但只要仔細一看，就會發現牠們的足部構造並不相同。

恐龍和爬蟲類的差別

▶ 異特龍

恐龍

足部朝下方生長。

◀ 尼羅鱷

非恐龍的爬蟲類

足部朝向側邊生長。

中生代的爬蟲類

遠古時代在空中飛翔的翼龍，以及曾經是海中之王的蛇頸龍都不是恐龍喔！

▲ 翼手龍

▲ 薄板龍

恐龍的分類

雖然同樣是恐龍，但也可以分成很多種類。

鳥臀類

乍看之下，骨盤構造和鳥類相似的種類。

護甲類

這類恐龍的身上覆蓋著由骨板形成的刺棘或護甲。

▲ 劍龍

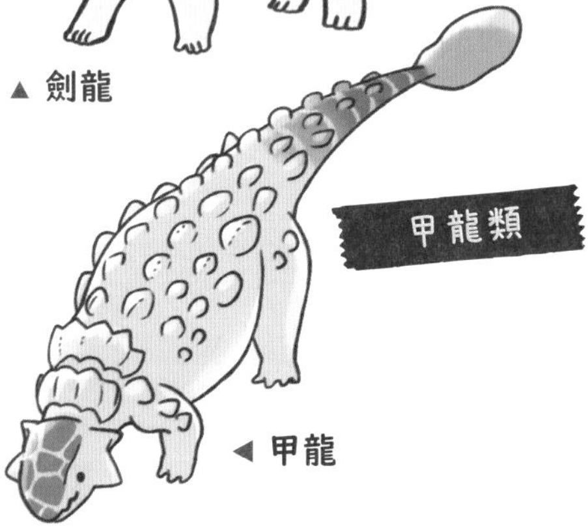

◀ 甲龍

蜥臀類

骨盤構造和蜥蜴、鱷魚等多種爬蟲類相似的種類。

蜥腳形類

這類恐龍會以四肢行走，並且擁有長脖子和長尾巴。

▼ 超龍

頭飾類

這類恐龍的頭上長有角或頭盾。

厚頭龍類

◀ 厚頭龍

角龍類

▲ 原角龍

鳥腳類

有些演化後的鳥腳類恐龍頭上帶有像頭冠的突起部位。

◀ 埃德蒙頓龍

難道目前仍存在的獸腳類生物也是恐龍?!

獸腳類

▼ 暴龍

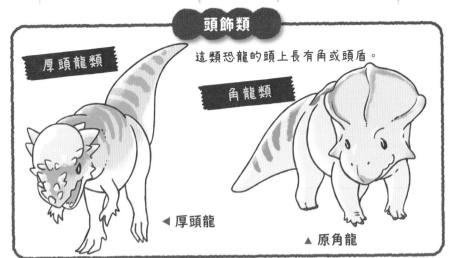

這類恐龍當中，很多是以雙足行走的肉食性恐龍。

恐龍的存活時期

在距今大約2億5190萬年前～6600萬年前、一個被稱為「中生代」的時期，恐龍曾經在地球上生活過。恐龍的存活時期可大致分為三個時期，而這段時期持續了1億6千萬年左右。人類的同類誕生至今也不過區區幾百萬年，這麼一比之下，就會知道恐龍走過相當長的一段繁盛時期。

1.三疊紀

（大約在2億5190萬年前～2億130萬年前）

根據研究結果，恐龍和翼龍是在三疊紀的中期，也就是大約2億3千萬年前開始出現在地球上。當時全世界只有一塊被稱為「盤古大陸」的超大陸，地面有蕨類植物、鐵樹以及原始杉木等針葉樹茂密生長。

▲腔骨龍

初期的恐龍。在三疊紀時期，從爬蟲類演化成為恐龍。

2.侏羅紀

（大約在2億130萬年前～1億4500萬年前）

到了侏羅紀時期，盤古大陸開始分裂成多塊大陸，恐龍也在各大陸獨自展開演化。這時期，恐龍逐漸地巨大化，蜥腳形類和劍龍類的恐龍相當繁盛。

▲梁龍

以長脖子和長尾巴為特徵的蜥腳形類恐龍。

3.白堊紀

（大約在1億4500萬年前～6600萬年前）

根據研究結果，白堊紀時期的整體地球氣溫比現在暖和許多。地球上開始出現會開出醒目花朵的被子植物。在這個時期的末期，幾乎所有種類的恐龍都已經不幸滅絕。

▲棘龍

可推測過去會在岸邊捕食魚類的大型肉食性恐龍。

GABUGABU

1章

大快朵頤型的恐龍

p.20

頭上長了扇子？

你知道恐龍的祕密嗎？

p.46

利用巨大的顎部
大口捕食！

p.68

恐龍也長有
羽翼？!

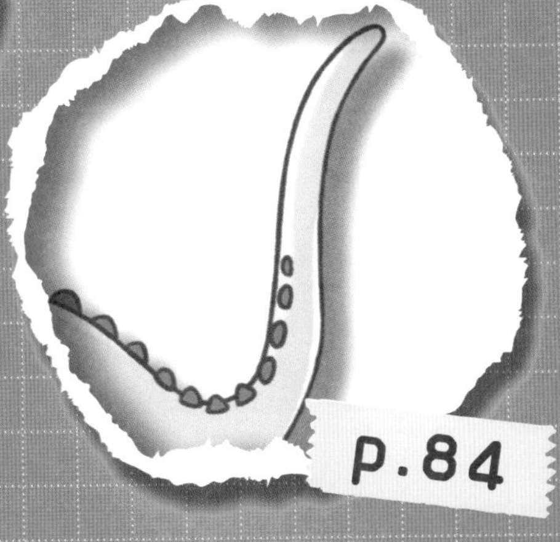

p.84

靠著長尾巴
保護自己！

大快朵頤

FILE_001

原始恐龍 艾雷拉龍

中指和小指偏短

初期的蜥臀類恐龍

艾雷拉龍是最早出現的蜥臀類恐龍。不過，也有其他的說法，有的說法指出艾雷拉龍是原始獸腳類，有的則指出艾雷拉龍是在演化分類成蜥臀類和蜥腳形類之前的原始恐龍。艾雷拉龍的前肢有5根指頭，當中的中指和小指比較短。以當時的肉食性恐龍來說，艾雷拉龍擁有龐大的體型，而且是以雙足行走。

DATA

- 分類：蜥臀目　獸腳類？
- 體型：全長3～6公尺
- 分布：阿根廷
- 時期：三疊紀後期

初期的恐龍都是用
兩隻腳走路的喔！

初期恐龍

我是艾雷拉龍。
在恐龍當中，我算是老大哥！
真的嗎？所以你比赫赫有名的暴龍還要資深?!
沒錯。
超龍和三角龍也都要稱呼你一聲大哥?!
沒錯!!
好厲害喔！
得意洋洋
別忘了，不是只有你最資深！
同時期的恐龍

相似之處

哇～
原來初期的恐龍是這樣的長相啊！
恐龍就是從這時候開始演化，
最後演化成各種各樣的恐龍，對吧？
嗯。
說起來，你的外表似乎也跟我們有相似之處。
咦？哪裡像了？
我想想啊……
腳長得有點像啊！
原來是腳啊！

冷知識 根據推測，恐龍最早是在大約2億3000萬年前出現。

FILE_002

腔骨龍

小型肉食性恐龍

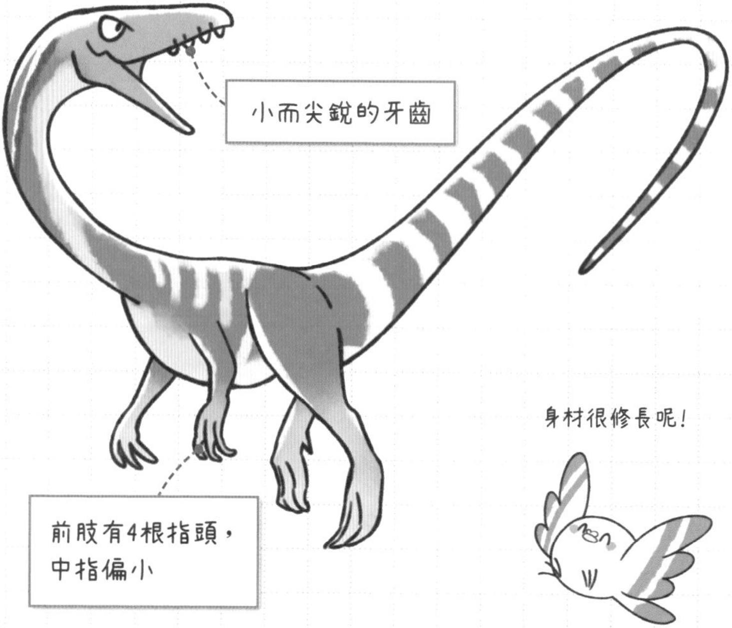
小而尖銳的牙齒
前肢有4根指頭，
中指偏小

身材很修長呢！

以群體生活的小型恐龍

人們挖掘到多數腔骨龍的化石，可以從骨骼形狀分辨出腔骨龍的雌雄差異。過去也曾經挖掘到包含親子腔骨龍的大量化石，由此可推測腔骨龍當初是以群體在行動。另外，也發現到腔骨龍獵食過原始鱷魚的痕跡。

DATA

- 分類：蜥臀目　獸腳類？
- 體型：全長約3公尺
- 分布：美國
- 時期：三疊紀後期

腔骨龍屬於體型較小的恐龍喔！

群體行動

你來啦！
嗨～
您好啊！
你好嗎？
我們呢，
正準備去……
獵食！
肚子好餓啊～
再聊喔～
剛剛那一大群少說也有100隻吧！

模特兒身材

你的身材高挑修長，好帥喔～
我們的骨頭還是中空的，所以輕得很！
我也好想擁有高挑修長的身材喔……
你可以跟我吃一樣的食物試試看啊！
有什麼食物？
我想想啊……
鱷魚。
這有難度耶……

冷知識 腔骨龍以前會獵食蜥蜴、魚類和鱷魚喔！

FILE_003

冰冠龍

發現於南極大陸的恐龍

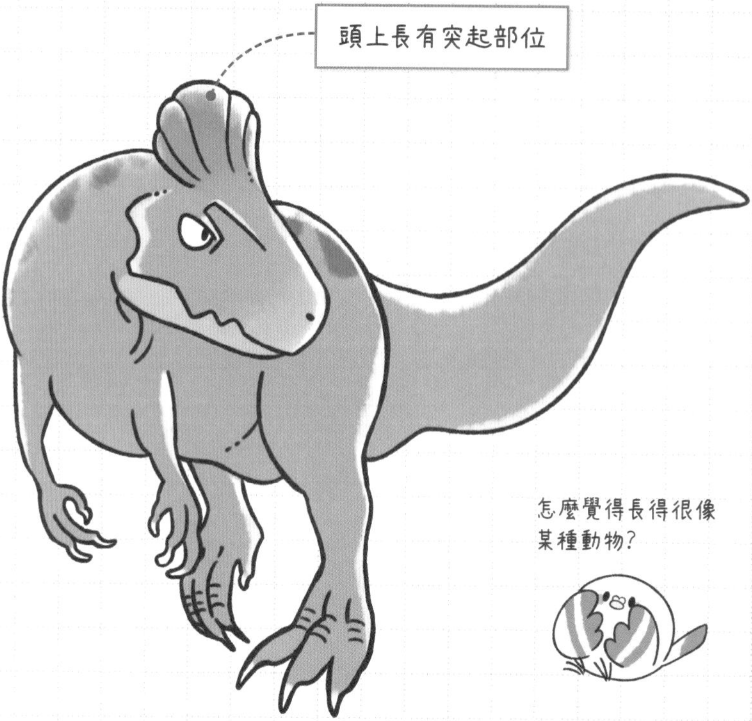
頭上長有突起部位

怎麼覺得長得很像某種動物？

頭上長有巨大的突起部位

冰冠龍是曾經在現今的南極大陸棲息過的最大型獸腳類恐龍。牠們的頭上長有骨骼變形而成、形狀如扇子般的突起部位。也有研究指出冰冠龍和斑龍屬於同類喔！

DATA

- 分類：蜥臀目　獸腳類
- 體型：全長約7公尺
- 分布：南極大陸
- 時期：侏羅紀初期

不知道突起部位發揮了什麼作用喔？

引以為傲的頭冠

好氣派的頭冠喔！
呵呵！
這還用說嗎？
不過，我也有朋友頭上長了帥氣的頭冠。
啥！是哪個傢伙?!
咕咕！
少把我們混為一談！
公雞的頭冠不過是一坨皮而已！
我們的頭冠可是有骨頭的！
明明就很像……

冷知識 有說法指出冰冠龍的頭冠是用來吸引異性的注意。

暖和的南極

氣候

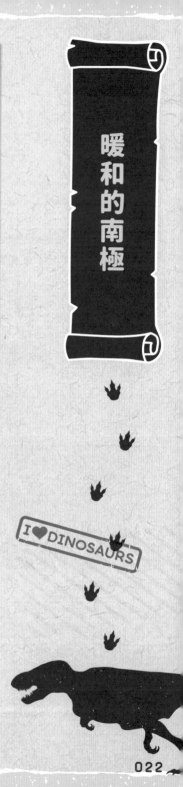

為什麼你們的學名要叫作Cryolophosaurus？
喔
這個嘛……
因為Cryolophosaurus代表著「冰凍的頭冠」的意思。
話說回來，你們好像是在南極被發現的喔？
……嗯？意思是說，
這裡是南極?!
沒錯。
說出來你或許會覺得難以置信……
古代的南極氣候很暖和的。

I♥DINOSAURS

I ♥ DINOSAURS

column

侏羅紀時期的氣候十分暖和

人們是在南極大陸的侏羅紀地層發現了冰冠龍的存在。

雖然現今的南極大陸是一個被冰雪包圍的酷寒世界，但在侏羅紀時期時，因為具有提升氣溫效果的二氧化碳濃度很高，所以十分暖和，降雨量也很高。比起現在，當時的氣候暖和太多了。

南極大陸的位置比現在更偏向北方

另外，當時的南極大陸是從盤古大陸（P.12、P.114）分裂出來的岡瓦那大陸的一部分，所以比現今的南極大陸更加地接近赤道，位在接近赤道1000公里的位置。

由於侏羅紀時期的氣候暖和，加上比現在更加接近赤道，因此除了恐龍之外，還有其他動植物在南極大陸棲息，這些動植物也都留下了化石。

FILE_004

雙冠龍

擁有兩個頭冠的恐龍

獵食小型恐龍

雙冠龍屬於大型肉食性恐龍，特徵在於頭上長了兩塊頭冠。他們的頭部和嘴巴長得細長，據說會獵食蜥蜴、小型恐龍和魚類。

DATA

- 分類：蜥臀目　獸腳類
- 體型：全長約6公尺
- 分布：美國
- 時期：侏羅紀初期

引以為傲的頭冠

好氣派的頭冠喔！
一臉得意
就是啊！
我們的學名Dilopho的Di是「兩個（雙）」、lopho是「頭冠」的意思。
原來如此~
順便教你一下好了，其他恐龍的名字裡如果有Di，也大多有「兩個」的意思。
雙型齒翼龍
（雙型齒）
叉龍
（雙叉蜥蜴）
意思是說……
也會有Trilopho（三個頭冠）或Tetralopho（四個頭冠）的恐龍囉？
4
3
哪來那麼多頭冠啊！

冷知識 根據推測，雙冠龍的頭冠是用來求偶或威嚇敵人的喔！

FILE_005

瑪君龍

頭上長了一根角狀物的恐龍

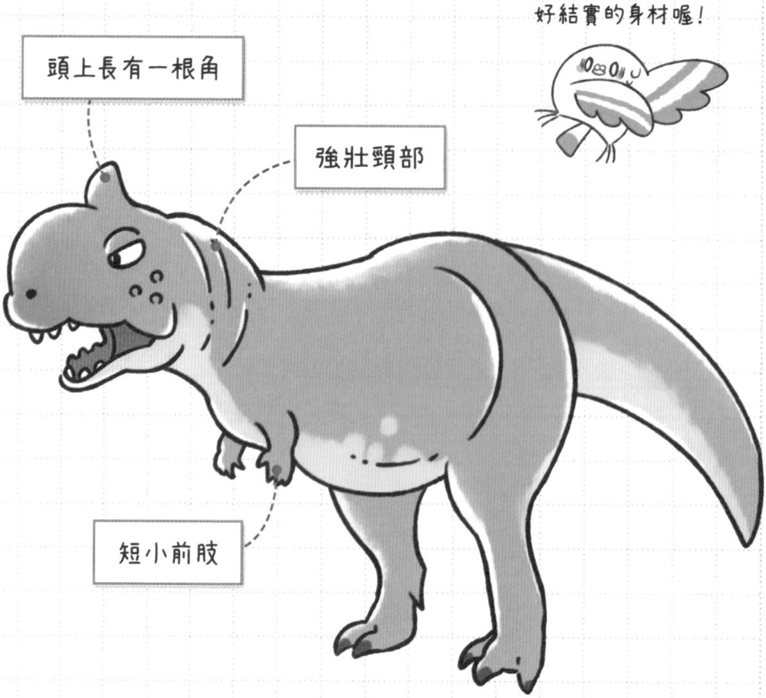
好結實的身材喔！
頭上長有一根角
強壯頸部
短小前肢

強韌的頸椎

瑪君龍的頭上帶有一根角狀的突起部位，特徵在於短小的臉部和前肢。瑪君龍的頸椎十分強韌，可推測當初應該擁有捕捉大型獵物的能力。

DATA

- 分類：蜥臀目　獸腳類
- 體型：全長約8公尺
- 分布：馬達加斯加
- 時期：白堊紀後期

瑪君龍的化石是在馬達加斯加島發現的喔！

你在吃什麼？

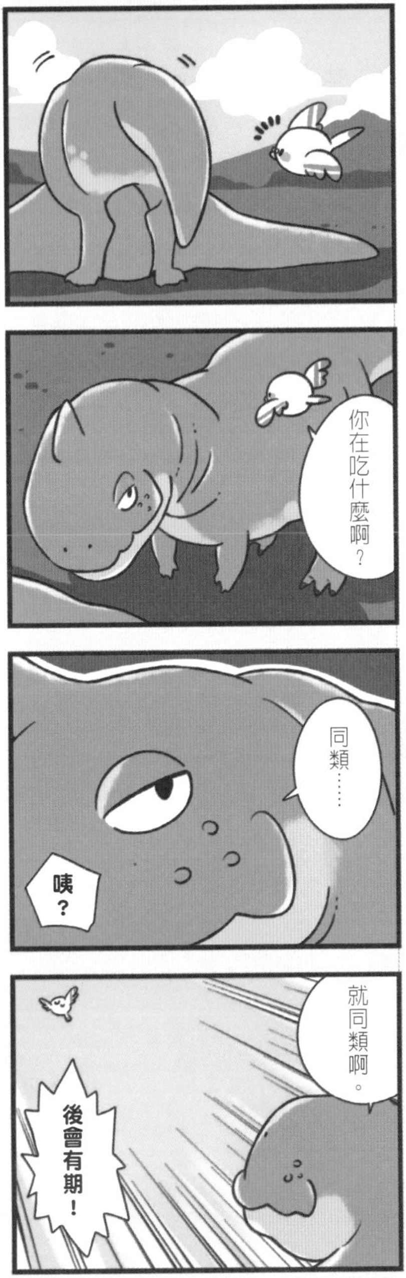
你在吃什麼啊？
同類……
咦？
就同類啊。
後會有期！

冷知識　過去曾經挖掘到發現瑪君龍有同類相食的化石證據。

擁有巨大身軀和帆狀長棘的恐龍

棘龍

背上長有帆狀長棘

細長嘴巴

捕食魚類的恐龍

棘龍的最大特徵就是長在背上、高達1.6公尺的帆狀長棘。據說棘龍是利用帆狀長棘來調節體溫。棘龍的嘴型細長，擁有一口分散生長而形成多處缺口的長牙。這樣的嘴部構造很適合用來捕魚，所以棘龍似乎都是以岸邊作為棲息地。

```
------- DATA -------
● 分類：蜥臀目　獸腳類
● 體型：全長約15公尺
● 分布：埃及、摩洛哥
● 時期：白堊紀後期
```

棘龍的嘴巴和鱷魚很像呢！

有什麼用途？

不知道那一大片背鰭是做什麼用的？
會不會是用來調節體溫的啊？
把多餘的體熱排出體外。
還是用來分辨同類的？
發現同類了！
長約1.6m
實在是太大一片了！
？

天大的秘密

好、好大隻啊！
廢話！就連赫赫有名的暴龍都比不上本大爺的體型！
太誇張了吧?!
12~13m
15m
到底要吃什麼才能長得這麼大一隻？
呵呵呵～
祕密就是……
營養滿分的魚類！
竟然是魚類！

冷知識 在棘龍化石的四周也挖掘到很多魚類的化石喔！

捕食魚類

捕魚高手

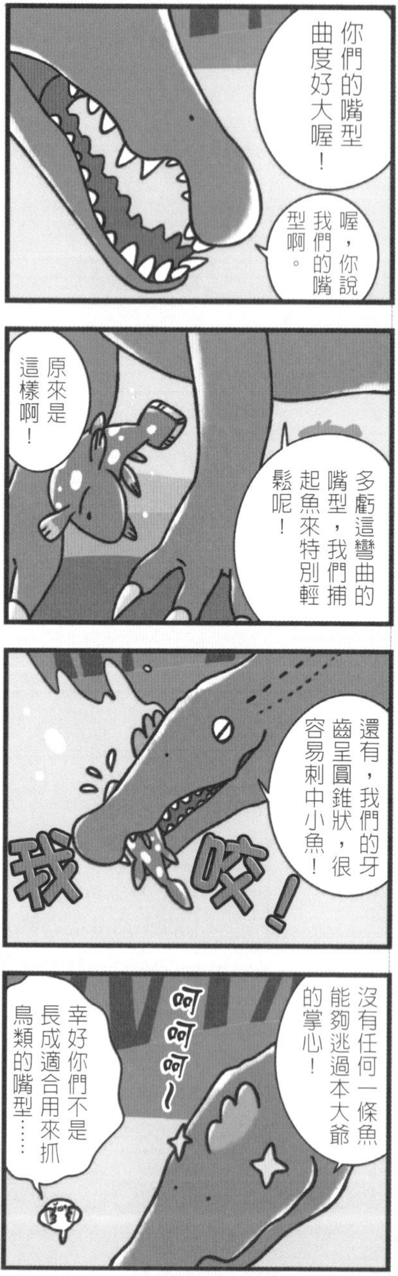

你們的嘴型曲度好大喔！
喔，你說我們的嘴型啊。
多虧這彎曲的嘴型，我們捕起魚來特別輕鬆呢！
原來是這樣啊！
還有，我們的牙齒呈圓錐狀，很容易刺中小魚！
我咬！
沒有任何一條魚能夠逃過本大爺的掌心！
呵呵呵～
幸好你們不是長成適合用來抓鳥類的嘴型……

I ♥ DINOSAURS

與棘龍同時被發現的化石

挖掘到棘龍類的恐龍化石時，在其四周也發現到許多魚類的化石。

從這點可推測出棘龍類的恐龍當初是以沼澤、河川和湖泊為棲息地。

1986年曾挖掘到與棘龍同類的重爪龍化石，當時在重爪龍化石的腹部發現了應是經過胃酸消化的魚鱗。

I ♥ DINOSAURS

棘龍的嘴型

棘龍擁有與食魚性長吻鱷相似的細長顎部，嘴裡也長了很多又細又長、表面帶有縱向平行紋的牙齒。這樣的嘴型非常適合捕食魚類。

根據推測，棘龍類的恐龍當初是靠著筆直的長牙在水中牢牢咬住魚類，讓自己飽餐一頓。

I ♥ DINOSAURS

column

FILE_007

斑龍

最早被命名的恐龍

發現斑龍的人
實在是太強了！
尖銳的牙齒

巨大的蜥蜴

在大型獸腳類當中，斑龍是最早被命名的恐龍，當初是以「巨大的蜥蜴」的含意而被命名。目前只挖掘到斑龍的部分化石，其中包含頭部、部分足部以及牙齒、脊椎等等。

DATA

- 分類：蜥臀目　獸腳類
- 體型：全長約9公尺
- 分布：英國、法國
- 時期：侏羅紀中期

以挖掘到化石的先後順序來說，斑龍是排名第二喔！

謎樣的恐龍

斑龍
最早被命名的大型恐龍。
儘管最早被命名，但斑龍的生態至今仍是一團謎。
為什麼會這樣呢？
?
這個嘛～
好像是因為以前大家還不夠了解恐龍的時候，
把不屬於我的恐龍化石也湊在一起，當成是我的化石來研究。
哎呀呀……
也就是說……
那些是跟你毫無血緣關係，但長得很像你的化石囉？
差不多是這個意思吧。

夠神祕才好

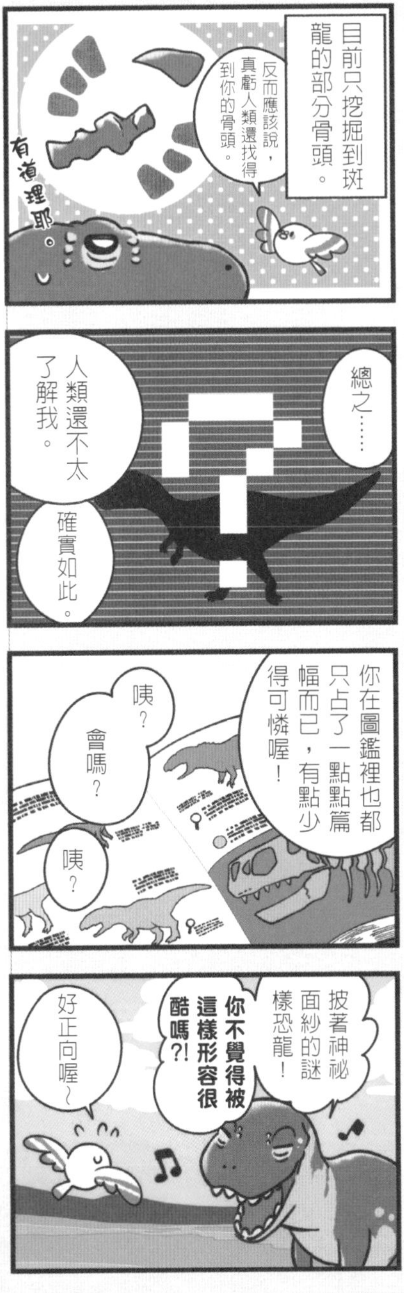
目前只挖掘到斑龍的部分骨頭。
反而應該說，真虧人類還找得到你的骨頭。
有道理耶
總之……
人類還不太了解我。
確實如此。
你在圖鑑裡也都只占了一點點篇幅而已，有點少得可憐喔！
咦？
會嗎？
咦？
披著神祕面紗的謎樣恐龍！
你不覺得被這樣形容很酷嗎?!
好正向喔～

冷知識 斑龍的相關知識被發表出來時，世上還沒有「恐龍」這個字眼呢！

什麼時候開始研究恐龍的？

誰才是排名第一？
禽龍是最早被發現的恐龍。
第一名！
不爽
不過，斑龍比禽龍更早被命名。
呵呵～
當初就是從禽龍和斑龍開始研究起恐龍。
不過，聽說也有學者因為這樣而吵起架來。
我是排名第一的恐龍！
以命名來說，排名第一的是我！
拜託～怎麼連你們也吵起來了！

禽龍與斑龍

1822年，有一位名叫吉迪恩・曼特爾的外科醫生和他的妻子瑪麗在英國最早發現了恐龍化石，也就是禽龍的牙齒化石。到了1825年，這項發現被發表出來，並正式命名為「禽龍」。

不過，同樣在英國被發現、經過研究後獲得命名的斑龍在更早一年，也就是1824年被發表出來。當初是一位神職人員，同時也是古生物學家的威廉・布克蘭進行了斑龍的研究。

挖掘恐龍的競爭行動

1870年代，美國有兩位名叫「馬什」和「科普」的學者，為了挖掘恐龍互相競爭。馬什和科普兩人本來感情十分要好，但後來吵架而反目成仇，甚至引發過槍擊戰。

馬什發現了異特龍和劍龍的存在，科普則是發現了圓頂龍和腔骨龍的存在。

多虧了這兩位學者為了挖掘恐龍互相競爭，使得恐龍的研究向前大大邁進一步。

FILE_008

異特龍

侏羅紀具代表性的肉食性恐龍

眼睛上方帶有突起部位
尖銳的牙齒
有3根指頭

帶有尖牙的火爆浪子

異特龍是侏羅紀時期具代表性的肉食性恐龍。牠的特徵在於眼睛上方的突起部位，其頭部比暴龍來得小，顯得輕盈許多。異特龍的尖銳牙齒非常適合用於撕咬獵物。人類挖掘到大量異特龍的化石，也持續研究異特龍超過一百年以上。

DATA

- 分類：蜥臀目　獸腳類
- 體型：全長8～12公尺
- 分布：美國、葡萄牙
- 時期：侏羅紀後期

據說異特龍曾經和劍龍打鬥過……

格鬥

砰
最近老是打不贏對手……
厲害角色真的很難應付喔……

名人

你頭上的角超酷的！
呵呵～
一點也沒錯！
不只頭上的角，鋒利的尖牙也是我引以為傲的地方！
雖然我的手比較小，但說起腕力，那可是……
喔，這我知道喔！
咦？
你怎麼知道？
你該不會是我的粉絲吧？
滿心期待
畢竟異特龍已經被研究了一百年以上啊。

冷知識 異特龍屬也會被稱為肉食龍屬喔！

嘴巴和牙齒的構造因為食物不同而有所差異

從化石所留下的恐龍嘴型和齒型的特徵，可推測出當時恐龍利用什麼方式捕捉獵物，以及利用什麼方式吃下哪些食物。

暴龍

暴龍擁有強韌堅固的大牙齒，從牙尖到牙根的長度長達30公分。暴龍的牙齒邊緣呈鋸齒狀，能夠輕易撕裂肉塊。暴龍的頸部肌肉強而有力，可推測能夠像鱷魚一樣左右擺動頸部，把肉塊撕咬下來。

異特龍

異特龍擁有薄而尖銳的牙齒，可推測出異特龍不是連骨帶肉咬碎獵物，而是比較擅長撕裂獵物身上的肉。據說異特龍像老鷹一樣利用牙齒緊咬獵物，接著迅速縮起脖子撕下肉塊來吃。

惡龍

惡龍的特徵在於從嘴巴向外頂出的上下排牙齒。至於惡龍如何運用這般構造的牙齒，目前並沒有明確的答案，但根據推測，惡龍的牙齒構造應該很適合用於捕捉魚類。

三角龍

三角龍擁有喙狀嘴，口腔後方長有尖牙，並且會不斷長出新的牙齒。根據推測，三角龍應該是利用喙狀嘴扯下堅硬的植物，再利用臼齒咬碎植物。

FILE_009

美頜龍

身材嬌小的恐龍

一雙大眼睛
前肢有
2根指頭
好小一隻喔！

小歸小，依舊是百分之百的肉食性恐龍

美頜龍屬於小型的獸腳類恐龍。牠們的頭部小而細長，有著一雙大眼睛。美頜龍的口腔長有成排小而鋒利的尖牙，前肢只有2根指頭喔！人們在發現始祖鳥的相同地層，挖掘到了保存狀態十分良好的美頜龍化石。

DATA

- 分類：蜥臀目　獸腳類
- 體型：全長約1公尺
- 分布：法國、德國
- 時期：侏羅紀後期

據說美頜龍會一口
吞下整隻蜥蜴呢！

小小肉食性恐龍

我們小歸小，也是百分之百的肉食性恐龍！
火速前進！
我們會敏捷展開行動，然後……
我咬！
咕嚕！
一口吞下！
好厲害喔～

一模模一樣樣？

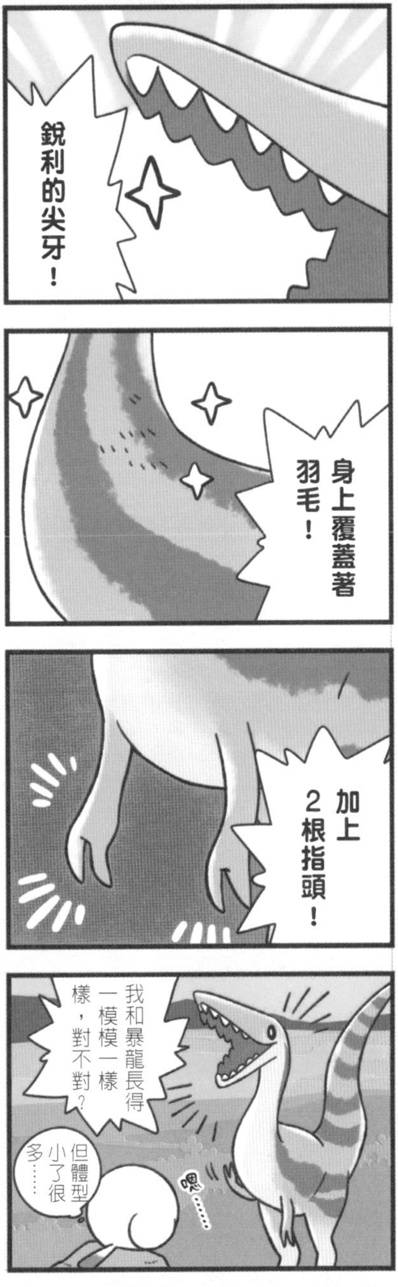
銳利的尖牙！
身上覆蓋著羽毛！
加上2根指頭！
我和暴龍長得一模模一樣樣，對不對？
但體型小了很多……
嗯……

冷知識　美頜龍的學名Compsognathus代表著「美麗的頜部」的意思喔！

FILE_010

中華龍鳥

最早被發現的有羽毛恐龍

不只發現有羽毛，也知道羽毛的顏色

從化石中發現羽毛痕跡而知名的恐龍就是中華龍鳥。人們針對中華龍鳥尾巴部位的羽毛顏色也進行了研究，推測出中華龍鳥的尾巴有著褐、白色相間的條紋。居然能夠從化石研究出恐龍的顏色，實在太了不起了！

DATA

- 分類：蜥臀目　獸腳類
- 體型：全長約1公尺
- 分布：中國
- 時期：白堊紀初期

有女人緣的條件

說到恐龍的印象，都會覺得長得像蜥蜴。
原來也有很多像你一樣身上有羽毛、長得像鳥類的恐龍。
但我們沒辦法像你這樣飛來飛去就是了。
不過，你看我這羽毛的花色，很美吧！
這可以讓我們很有女人緣！
好帥——喔
有說法指出有羽毛恐龍也會利用羽毛來求偶。
真的耶！

冷知識 根據推測，中華龍鳥的羽毛不僅能夠維持體溫，還具有保護身體的作用。

羽毛

小巧體型

FILE_011

大快朵頤

身材嬌小的暴龍同類

帝龍

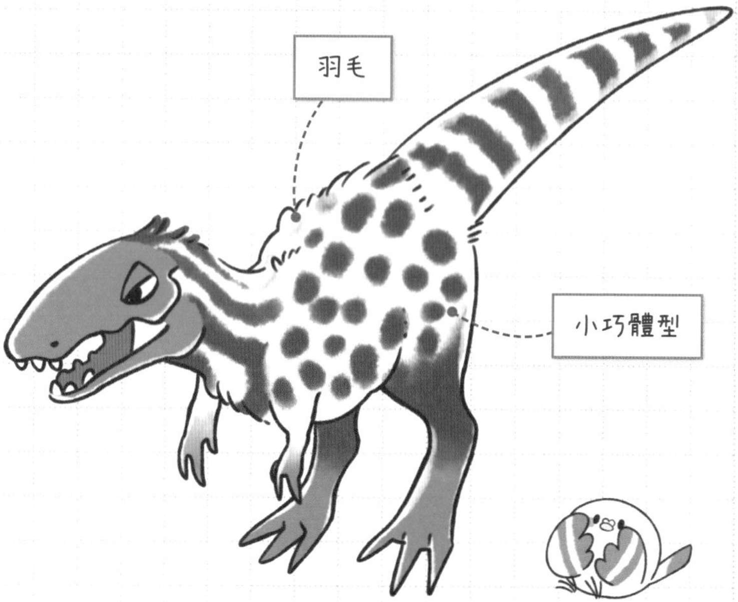

原始暴龍

帝龍屬於原始暴龍的同類，但體型比暴龍嬌小許多。在暴龍的同類恐龍當中，帝龍是第一個從化石中發現羽毛痕跡的恐龍。帝龍的前肢有3根指頭喔！

DATA

- 分類：蜥臀目　獸腳類
- 體型：全長約1.6～2公尺
- 分布：中國
- 時期：白堊紀初期

帝龍是在中國被
發現的喔！

偉大的祖先

本大爺是人稱「皇帝龍」的帝龍！
就連赫赫有名的暴龍，也是我的子孫！
你現在是在皇帝面前！
還不快給我低下頭！
這麼小一隻卻是皇帝？
1.6～2m

冷知識 帝龍的學名為Dilong，意思就是「皇帝龍」。

大快朵頤

FILE_012

暴龍

恐龍之王

具有立體視覺的眼睛
顎部強而有力
短小前肢

恐龍時期最後也是最重量級的肉食性恐龍

在暴龍的同類當中，暴龍是體型最大的一種。以肉食性恐龍來說，暴龍也是最重量級的恐龍。暴龍存活在白堊紀後期，也就是存活在恐龍時期最後的最強肉食性恐龍。根據推測，暴龍的祖先在亞洲誕生，後來沿著當時仍相連在一起的大陸遷移到北美洲。

DATA

- 分類：蜥臀目　獸腳類
- 體型：全長12～13公尺
- 分布：加拿大、美國
- 時期：白堊紀後期

暴龍的前肢短小，只有2根指頭喔！

立體視覺

肚子好餓，
差不多該開飯了……
呦！
發現兩隻埃德蒙頓龍！
後面那隻不行，距離太遠了。
前面這隻……
有機會！
全力衝刺！
看我的厲害！
原來暴龍還滿聰明的啊?!

力大無窮

力大無窮是我最自豪的地方！
看起來就超強的……
用力咬
不論面對任何獵物，都能夠靠我的顎部讓對方粉身碎骨!!
不過，你的手還真是小巧可愛呢！
你說啥？
氣勢凌人！
沒想到連那麼小巧的手也力大無窮，太神奇了！
我可是靠這雙手壓住獵物的，你懂不懂！

冷知識 根據推測，暴龍的壽命長達30年左右。

暴龍的絕招

氣味

嗯？
怎麼了嗎？
我聞到同類的氣味。
還有……獵物的氣味！
好厲害喔!!你的嗅覺這麼靈敏啊！
全力衝刺！
太賊了喔！我也要吃！
原來暴龍是愛吃鬼一個啊……

嗅覺敏銳

暴龍是人們最深入研究的恐龍。

人們針對暴龍顱骨內的腦部做過斷層掃描，經過調查研究後發現暴龍腦部的嗅覺部位占了很大的比例，而且十分發達。因此，人們推測暴龍即使身在遠處，也聞得到獵物或同類的氣味。

立體視覺的眼睛

暴龍的眼睛長在臉部正面，所以能夠用兩隻眼睛看獵物。

如果是像馬兒那樣眼睛長在臉部兩側的動物，會擁有廣泛的視野，可以輕易發現敵人。不過，暴龍和這些動物不同，牠們能夠像人類一樣看到立體的影像。因為擁有這樣的眼睛構造，所以暴龍比較能夠掌握到自己距離獵物有多遠。

I ♥ DINOSAURS

column

FILE_013

似鳥龍

飛毛腿

修長雙腿
手臂帶有大型裝飾羽翼

也會吃植物的雜食性恐龍

似鳥龍擁有修長的雙腿，跑起步來速度非常快。另外，因為還發現到羽毛的痕跡，所以也已得知似鳥龍擁有大型的裝飾羽翼。從似鳥龍的化石腹部也找到了胃石，由此可推測似鳥龍也會吃植物。

DATA

- 分類：蜥臀目　獸腳類
- 體型：全長約3.5公尺
- 分布：美國、加拿大
- 時期：白堊紀後期

人們是在近年來才發現似鳥龍有羽毛喔！

看誰速度快！

聽說你是跑步速度最快的恐龍，是真的嗎？
你會飛，速度應該也很快吧？
不然我們來比賽，看誰最先到那塊石頭那裡！
OK！
預備～起！
咚咚咚咚咚！
超快的！
時速80公里

似鳥龍會吃石頭？

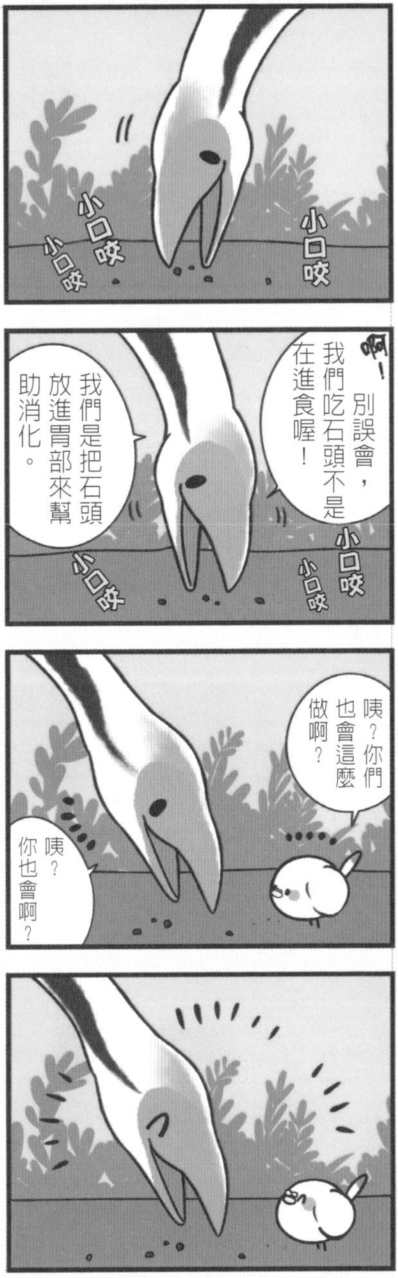
小口咬
小口咬
小口咬
啊！
別誤會，我們吃石頭不是在進食喔！
我們是把石頭放進胃部來幫助消化。
小口咬
小口咬
小口咬
咦？你們也會這麼做啊？
咦？你也會啊？

冷知識 人們推測似鳥龍的奔跑速度應可達到時速80公里。

FILE_014

鐮刀龍

巨爪恐龍

小巧嘴巴
寬廣身軀
大爪子

擁有修長的脖子和前肢

鐮刀龍的修長前肢帶有長達70公分的巨大爪子。由於鐮刀龍的嘴巴偏小，而且牙齒呈現圓狀，因此不太可能會攻擊動物來進食。鐮刀龍有可能是利用牠們的長爪子破壞蟻穴來捕食螞蟻，或是拉扯植物到嘴邊進食。

DATA

- 分類：蜥臀目　獸腳類
- 體型：全長8～11公尺？
- 分布：蒙古
- 時期：白堊紀後期

也有挖掘到鐮刀龍的恐龍蛋和鐮刀龍寶寶的化石喔！

可怕的爪子

嗯？牠在做什麼啊？
咻！
喝！
牠肯定是打算利用鋒利的爪子把樹幹砍成兩半！
好期待趕快看到壯觀的畫面喔！
鐮刀龍不過是用爪子把樹幹拉近自己而已。

冷知識 據說鐮刀龍的肚子很大，所以沒辦法迅速移動身體。

FILE_015

單爪龍

前肢短小的恐龍

短小前肢
大大一根爪子

大大一根爪子

單爪龍的短小前肢只有一根指頭，但爪子足足有7.5公分長。其他與單爪龍同類的恐龍前肢除了有大拇指之外，還保有短小的其他指頭。根據推測，單爪龍會利用前肢的爪子破壞蟻穴，然後挖出白蟻來進食。

DATA

- 分類：蜥臀目　獸腳類
- 體型：全長約1公尺
- 分布：蒙古、中國
- 時期：白堊紀後期

單爪龍的後肢很長喔！

食蟻獸？

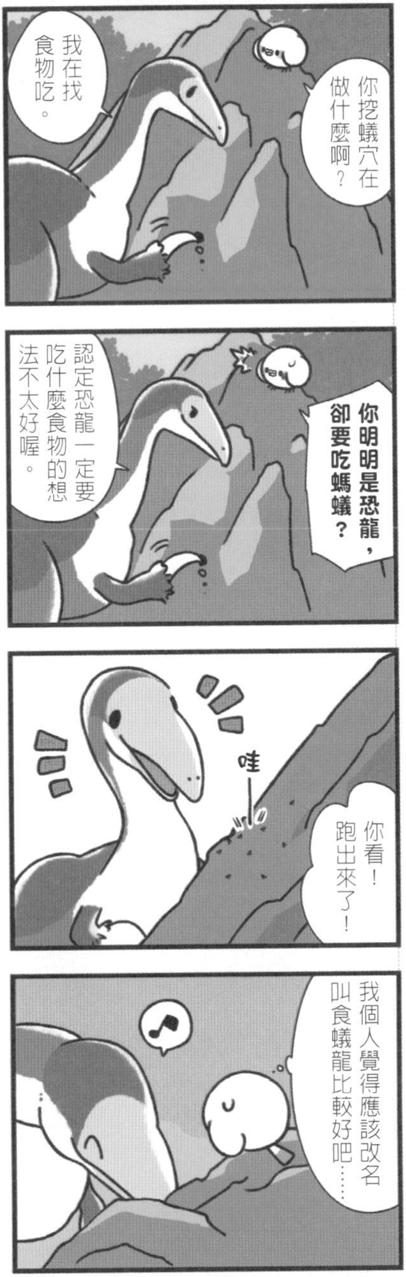
你挖蟻穴在做什麼啊？
我在找食物吃。
你明明是恐龍，卻要吃螞蟻？
認定恐龍一定要吃什麼食物的想法不太好喔。
你看！跑出來了！
哇
我個人覺得應該改名叫食蟻龍比較好吧……

冷知識 現今被稱為食蟻獸的哺乳類動物是利用爪子破壞蟻穴來吃螞蟻喔！

大快朵頤

FILE_016

偷蛋龍

可惡的偷蛋賊？

帶有突起部位的顎部
羽毛
好無辜喔……

遭人誤解的恐龍

人們最早發現偷蛋龍時，也一起挖掘到了恐龍蛋。偷蛋龍因此被誤認為會吃其他恐龍生下的蛋，也被取了「偷蛋龍」的名字。不過，事實上，偷蛋龍只是在孵化自己的蛋而已。

DATA

- 分類：蜥臀目　獸腳類
- 體型：全長約1.5公尺
- 分布：蒙古、中國
- 時期：白堊紀後期

偷蛋龍不幸被誤解，真是令人同情啊！

誤會一場

聽說這附近有偷蛋賊耶！
真的假的？
而且我還聽說偷蛋賊會叼著蛋，然後用尖尖的嘴巴把蛋戳破！
太可怕了！
我們快去其他地方孵蛋吧！
等一下！別急著走啊！
人家明明只是在孵自己的蛋而已……
哽咽
被人誤會真是跳到黃河也洗不清啊……

冷知識 隔了70年的時間才解開對於偷蛋龍的誤解。

FILE_017

寐龍

沉睡狀態下變成化石的恐龍

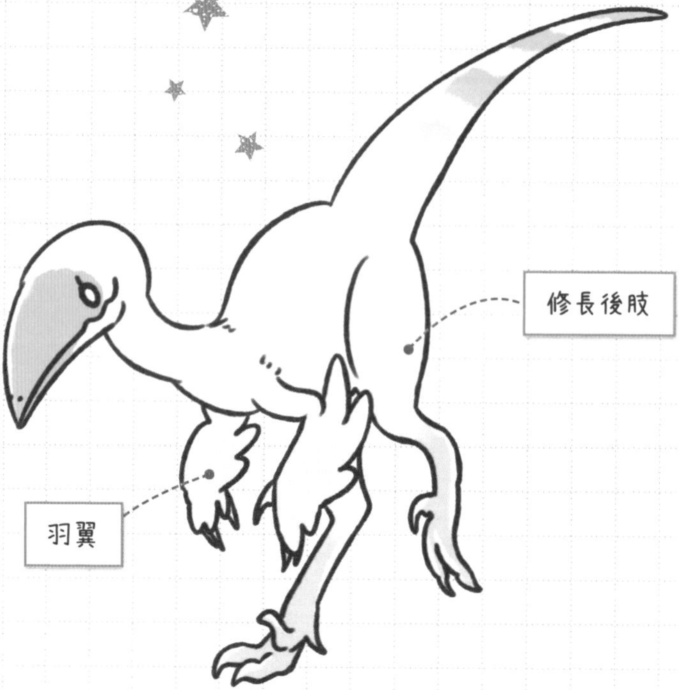

修長後肢
羽翼

身體縮成一團在睡覺

寐龍的後肢修長，由此可推測應該非常擅於奔跑。當初發現寐龍的化石時，寐龍是呈現像鳥類把身體縮成一團在睡覺的狀態。在研究變溫動物如何從爬蟲類演化成鳥類上，寐龍是一個重大的發現。人們發現到的寐龍化石沒什麼損傷，保存狀態十分良好。

DATA

- 分類：蜥臀目　獸腳類
- 體型：全長約0.6公尺
- 分布：中國
- 時期：白堊紀初期

寐龍屬於體型嬌小的恐龍喔！

墜入夢鄉

哇！這什麼東西啊？抱枕嗎？
啊！原來是恐龍啊！
牠的睡姿跟我滿像的耶～
有種同類的感覺……
話說回來，今天真是個好天氣呢～
實在不難體會這種會讓人想要睡午覺的感覺。

冷知識 根據推測，被挖掘到的寐龍化石應該還是一隻幼年時期的寐龍。

FILE_018

傷齒龍

擁有大大腦部的恐龍

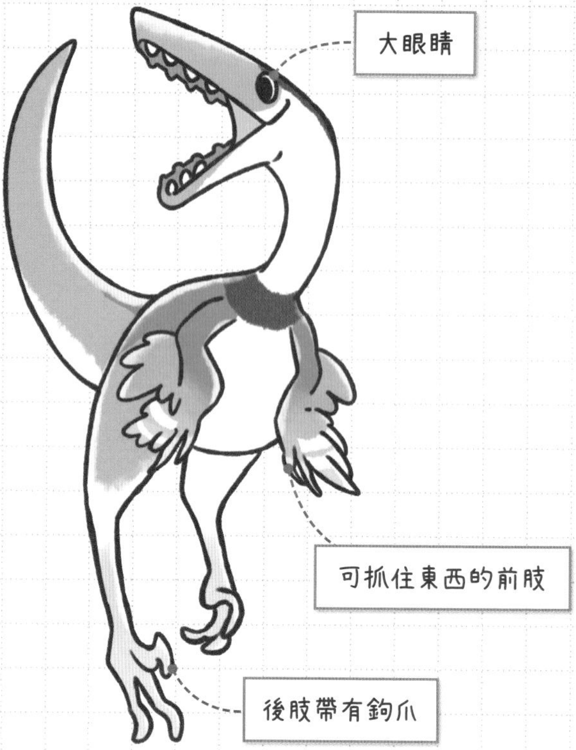
大眼睛
可抓住東西的前肢
後肢帶有鉤爪

也會在夜晚行動的恐龍

傷齒龍是以擁有大型腦部而知名的恐龍。傷齒龍有一雙大眼睛，人們推測牠們在晚上也能夠清楚看見四周。另外，傷齒龍的雙眼朝向前方，所以推測應該能夠看到立體的影像。傷齒龍的前肢呈現可抓住東西的構造。

DATA

- 分類：蜥臀目　獸腳類
- 體型：全長約2公尺
- 分布：美國
- 時期：白堊紀後期

原來傷齒龍很聰明啊！

大型腦部

傷齒龍十分聰明
我們上！
慘了！這下子沒命了！
快趁現在動手吧！
收到！包在我身上！
不對，等一下喔……還是我來動手會不會比較好？
快溜——
跑掉了耶……
？
我想想喔……

大眼睛

晃動……
Zzz…
我
咬！
我的媽呀！
可惡！差一點就咬到了！
即使一片黑暗，
我們也能夠看得一清二楚～
好可怕～
太賊了啦！哪有恐龍晚上也看得見東西的！

冷知識 有部分研究家認為傷齒龍是通吃動物和植物的雜食性恐龍。

恐龍人

如果恐龍沒有滅絕……

如果恐龍沒有滅絕的話……
不知道現代會是什麼狀況喔？
啊！快看！好可愛的鴿子喔！
哇——啊
好可愛喔~
好想把牠吃下肚喔~
嚇！
原來是一場夢！

如果恐龍沒有滅絕……

如果恐龍沒有在6600萬年前滅絕，不知道會演化成什麼樣？

有一位名叫戴爾・羅素的加拿大古生物學家思考了這個問題後，在1982年發表了「恐龍人」的說法。

如果像傷齒龍等智商較高的恐龍，一直以雙足行走存活演化到現代，不知道會變成什麼模樣？

恐龍演化成了人類?!

有一種說法稱作「趨同演化」。舉例來說，如果一直在相同環境生活，那麼即使是海豚、鯊魚或魚龍等不同種類的生物，外表也會變得愈來愈相似。

照這樣的想法來說，如果恐龍持續演化到現代，牠們的外表會不會演變成人類這樣呢？因為一直以雙足行走，所以恐龍可能會開始運用起手部，或許眼睛也會變成朝向前方而擁有立體視覺。這麼一來，就變成和人類一模一樣的恐龍了！

column

FILE_019

小盜龍

後肢也長有羽翼的恐龍

前肢長有羽翼
後肢也長有羽翼

習慣在樹上棲息

小盜龍的前肢長有十分發達的大型羽翼，就連後肢也長了羽翼。而覆蓋在這些羽翼上的羽毛都屬於適合飛行的飛羽喔！根據推測，小盜龍應該是習慣在樹上棲息。

DATA

- 分類：蜥臀目　獸腳類
- 體型：全長約0.8公尺
- 分布：中國
- 時期：白堊紀初期

小盜龍的身上有四片羽翼喔！

滑行

好開心喔！可以跟你一起出來動動翅膀飛行～
其實我只是在滑行而已。
不見了?!

冷知識 目前還沒有明確研究出小盜龍如何運用後肢的羽翼。

FILE_020

恐爪龍

有可能是恒溫動物的恐龍

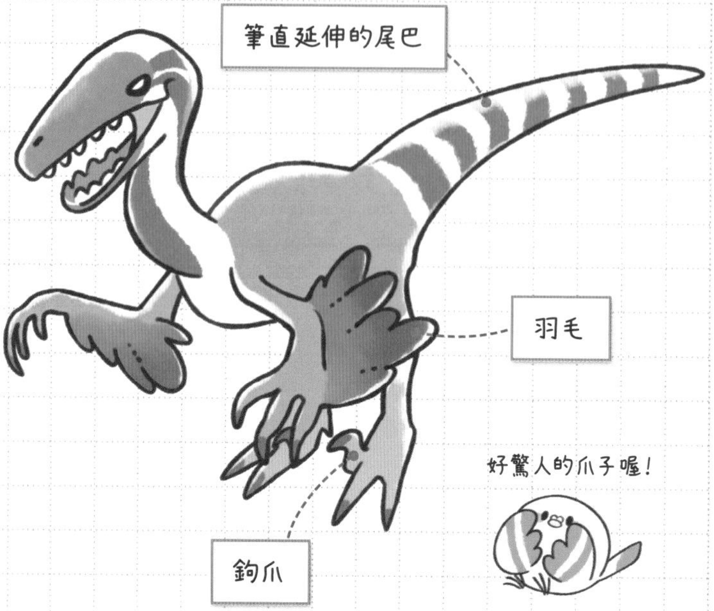
筆直延伸的尾巴
羽毛
鉤爪
好驚人的爪子喔！

尖銳的鉤爪

正如「恐爪」這個命名，恐爪龍的後肢長有巨大的鉤爪，專門用來攻擊敵人。另外，根據研究得知恐爪龍能夠靈活地活動身體，而這項研究支持了恐龍和鳥類同樣可以保持一定體溫、屬於恒溫動物的說法。所以，發現恐爪龍是具有歷史性的重大意義。

DATA

- 分類：蜥臀目　獸腳類
- 體型：全長約3.4公尺
- 分布：美國
- 時期：白堊紀初期

恐爪龍也能夠靈活
動作鉤爪喔！

恐怖的爪子

恐爪龍的學名為Deinonychus，
意思就是「恐怖的爪子」。
牠們會利用四肢的鉤爪來攻擊敵人！
可是啊……
咦？
爪子很厲害的恐龍不只有你而已吧？
唔……

冷知識 認為恐龍屬於恆溫動物的說法被稱為「恐龍溫血論」。

大快朵頤

FILE_021

伶盜龍

搏鬥中的恐龍化石

前肢帶有羽毛
鉤爪

敏捷的盜賊

因為從伶盜龍的化石中發現前肢帶有羽毛的痕跡，所以人們推測伶盜龍擁有羽翼。不過，同時也發現伶盜龍的前肢似乎有些退化，肩膀的肌肉也不太發達。伶盜龍和恐爪龍屬於近親，還曾經被認為就是恐爪龍。

DATA

- 分類：蜥臀目　獸腳類
- 體型：全長約1.8公尺
- 分布：蒙古
- 時期：白堊紀後期

伶盜龍會利用鉤爪
來捕捉獵物喔！

搏鬥

好痛啊~
剛才真的是災難一場。
呦!
這次是小寶寶耶!
咚!
那我就不客氣啦~~~!!?
誰允許你
對我們家的孩子動手了!
好痛!!對不起,我錯了!

狩獵高手

我是伶盜龍,人稱「敏捷的盜賊」!
繞來
繞去
獵物一旦被我盯上,就別想逃跑!
一頭撞上!
呃啊!
你衝太快了啦!

冷知識 有個化石保存了伶盜龍和原角龍的搏鬥狀態,而且被取名為「搏鬥中的恐龍」喔!

奇翼龍

擁有羽翼的恐龍

飛膜
尖筆狀突起部位

鳥兒般的恐龍

奇翼龍屬於體型小巧纖細的恐龍。根據研究發現奇翼龍的指間帶有像羽翼一般的薄膜（飛膜）。人們推測，奇翼龍能夠像飛鼠一樣靠著尖筆狀突起部位撐開飛膜，如滑翔機般在空中飛行。有別於翼龍，奇翼龍是屬於恐龍的同類。

DATA

- 分類：蜥臀目　獸腳類
- 體型：全長約0.6公尺
- 分布：中國
- 時期：侏羅紀中期～後期

奇翼龍的學名為Yi，是名字最短的恐龍喔！

舊事重演

好開心喔！可以跟你一起飛行～
其實我只是在滑行而已。
咦？
又不見了?!
我在這裡啦～

超短的名字

哇?!
飛鼠嗎?!
才不是呢！我是……
撐大
Yi！
……你剛剛是在鳴叫嗎？
我是在說我的名字叫Yi！

冷知識 「Yi」這個命名是源自中文的「翼」喔！

大快朵頤

FILE_023

近鳥龍

第一個被鑑定出顏色的恐龍

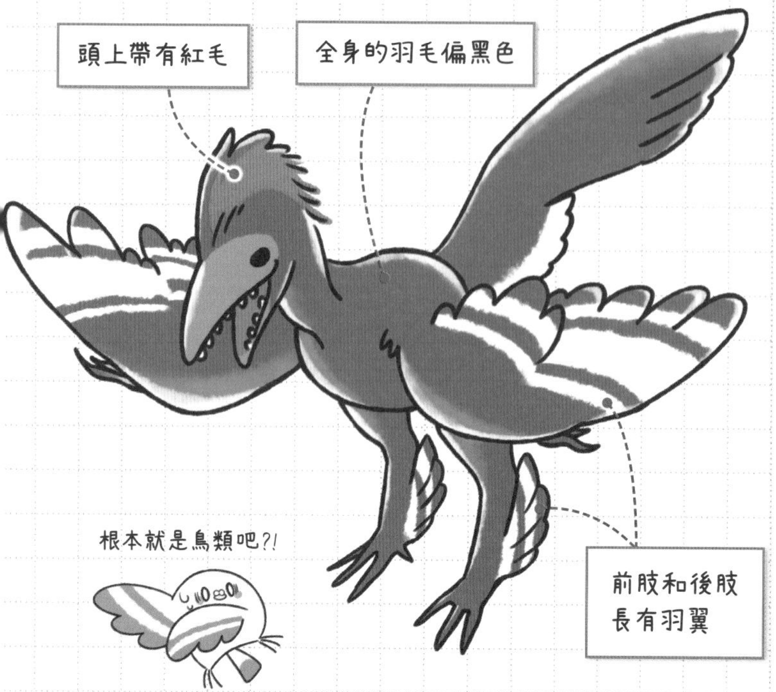
頭上帶有紅毛
全身的羽毛偏黑色
前肢和後肢
長有羽翼
根本就是鳥類吧?!

鳥兒般的恐龍

近鳥龍屬於體型相當小巧的有羽毛恐龍。根據推測，近鳥龍似乎不會飛行，但牠們擁有大大的前肢和後肢，而且都長有羽翼。人們從近鳥龍化石的羽毛部分發現色素並進行了檢驗，近鳥龍因此成了第一個被鑑定出全身羽毛顏色的恐龍。

DATA

- 分類：蜥臀目　獸腳類
- 體型：全長約0.4公尺
- 分布：中國
- 時期：侏羅紀後期

與其說是恐龍，近鳥龍更像是鳥類喔！

鳥類？

你是鳥類嗎？還是恐龍？
我雖然很小一隻，但屬於有羽毛恐龍喔！
不過，我的名字有著「幾乎就是鳥類」的意思。
人家明明也有尖牙的～
一陣乾笑～
不過，鳥類和恐龍本來就沒什麼太大的差別嘛！
對啊！對啊！
還很在意嗎?!
笑咪咪
笑咪咪

冷知識 近鳥龍被鑑定出頭部的毛髮是紅色的喔！

始祖鳥

從恐龍演化成為鳥類

羽翼
尾部帶有骨頭
前肢長有指頭
長有牙齒

究竟是恐龍還是鳥類？

始祖鳥又稱為古翼鳥。牠們雖然像鳥類一樣擁有羽翼，但也擁有恐龍的特徵，像是顎骨上的牙齒、前肢的指頭和尾部的骨頭等等。因為同時擁有恐龍和鳥類的特徵，所以始祖鳥被認為是從恐龍演化成鳥類的過渡生物。

DATA

- 分類：蜥臀目　獸腳類
- 體型：全長約0.5公尺
- 分布：德國
- 時期：侏羅紀後期

始祖鳥會在空中飛行喔！

鳥類還是恐龍？
始祖鳥被稱為古代鳥。
屬於鳥類的特徵
羽翼
喙狀嘴
屬於恐龍的特徵
張大嘴巴！
尾部帶有骨頭
牙齒
前肢長有指頭
所以呢，結論是鳥類還是恐龍？
我也不知道！

冷知識 人們認為始祖鳥有可能習慣在樹上棲息，也可能會在地上棲息。

FILE_025

板龍

三疊紀時期的最重量級恐龍

三疊紀的
大型恐龍?!

小巧頭部
前肢帶有鉤爪

原始蜥腳形類恐龍

板龍是三疊紀時期存活在歐洲和格陵蘭的植食性恐龍。以當時來說，板龍屬於大型恐龍，前肢也帶有巨大的鉤爪。根據推測，板龍能夠只靠後肢站立以及行走。

DATA

- 分類：蜥臀目　蜥腳形類
- 體型：全長約4.8～10公尺
- 分布：德國、瑞士、法國、格陵蘭
- 時期：三疊紀後期

板龍長有小小的
牙齒喔！

巨大恐龍

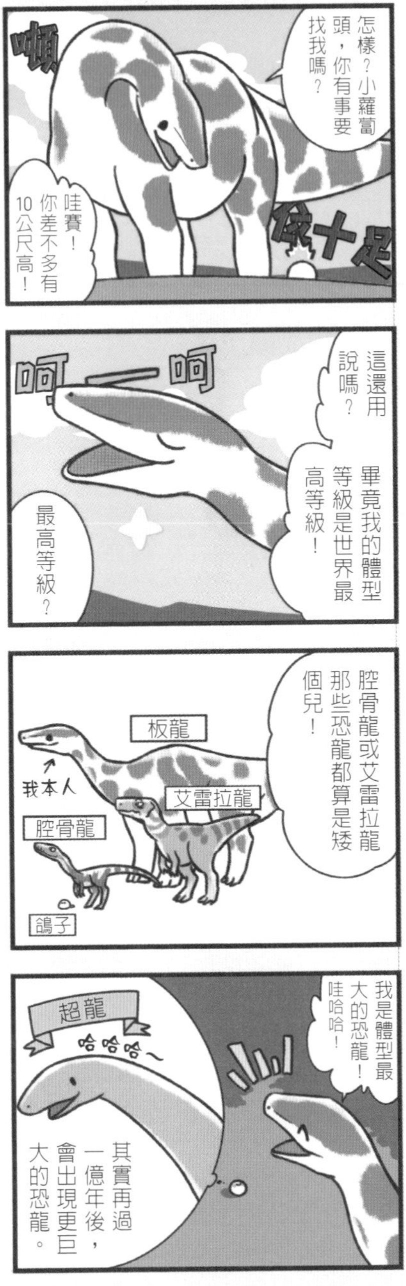
噸
怎樣？小蘿蔔頭，你有事要找我嗎？
哇賽！你差不多有10公尺高！
呵——呵
這還用說嗎？
畢竟我的體型等級是世界最高等級！
最高等級？
腔骨龍或艾雷拉龍那些恐龍都算是矮個兒！
板龍
我本人
艾雷拉龍
腔骨龍
鴿子
我是體型最大的恐龍！哇哈哈！
超龍
哈哈哈～
其實再過一億年後，會出現更巨大的恐龍。

 冷知識 板龍的前肢有5根、後肢有4根指頭喔！

FILE_026

鼠龍

恐龍蛋和恐龍寶寶的化石

我們應該有機
會當好朋友喔！

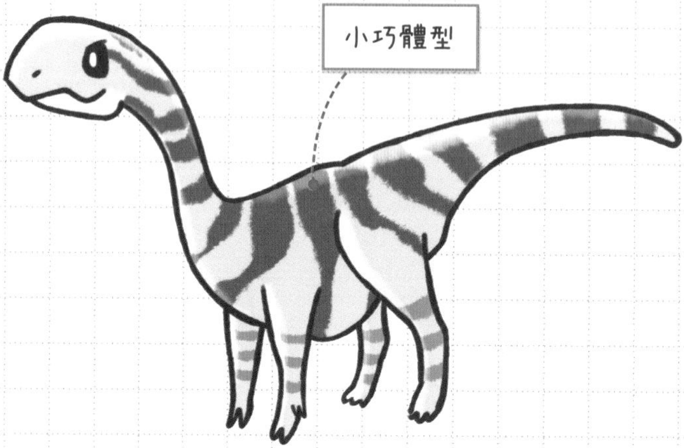
小巧體型

可放在掌心上的小化石

目前只挖掘到鼠龍蛋和鼠龍寶寶的化石，並沒有發現成年鼠龍的化石。挖掘到的鼠龍寶寶化石只有20公分左右的大小，平放在掌心上也不成問題。根據推測，鼠龍成年後應該可以長到2～3公尺。

DATA

- 分類：蜥臀目　蜥腳形類
- 體型：全長約2～3公尺？
- 分布：阿根廷
- 時期：三疊紀後期

為什麼就是挖不到
成年鼠龍的化石呢？

未來的夢想

小小一隻好可愛喔～
亂——講！
不要一直說我很可愛啦！
雖然我現在還是小孩子，
但我很快就會長大，變成一隻又高又壯的恐龍！
說不定我會變成世界第一大的恐龍呢！
雖然人們推測鼠龍成年後頂多長到3公尺，但還是不要說出來好了。

冷知識 也有挖掘到還在蛋殼裡的鼠龍寶寶化石喔！

FILE_027

超龍

特大號恐龍

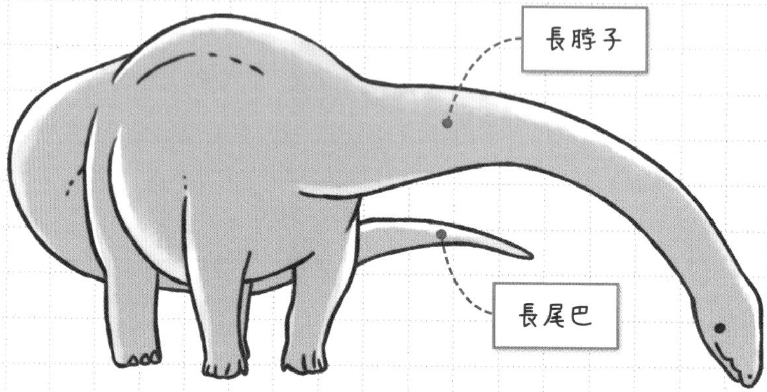

全長33公尺

目前只挖掘到超龍的肩胛骨等部分骨頭。不過，從超龍的肩胛骨大小來看，可推測出超龍的體型十分龐大。根據研究，從前被稱為「巨超龍」的恐龍其實就是超龍。

DATA

- 分類：蜥臀目　蜥腳形類
- 體型：全長約33公尺
- 分布：美國
- 時期：侏羅紀後期

吊橋

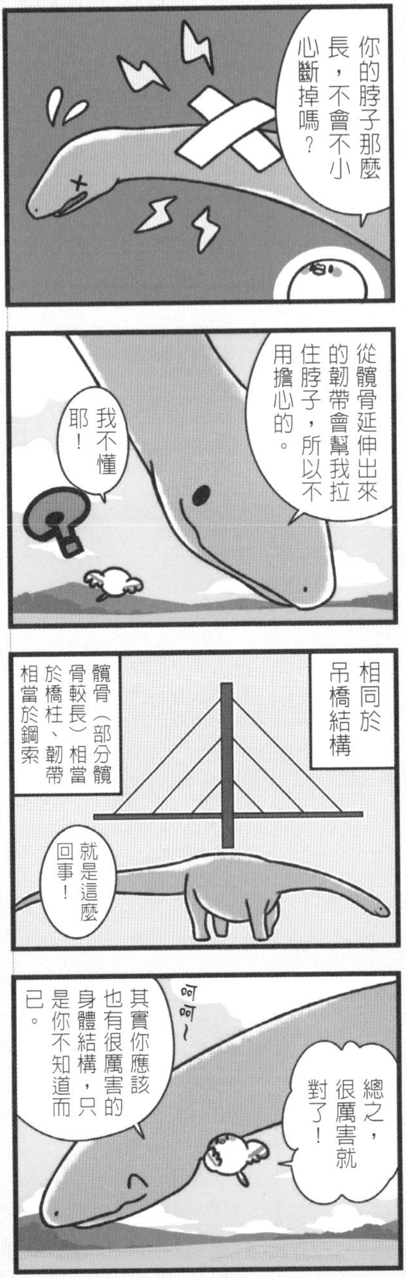
你的脖子那麼長，不會不小心斷掉嗎？
從髖骨延伸出來的韌帶會幫我拉住脖子，所以不用擔心的。
我不懂耶！
相同於吊橋結構
髖骨（部分髖骨較長）相當於橋柱、韌帶相當於鋼索
就是這麼回事！
呵呵～
其實你應該也有很厲害的身體結構，只是你不知道而已。
總之，很厲害就對了！

實在太巨大了

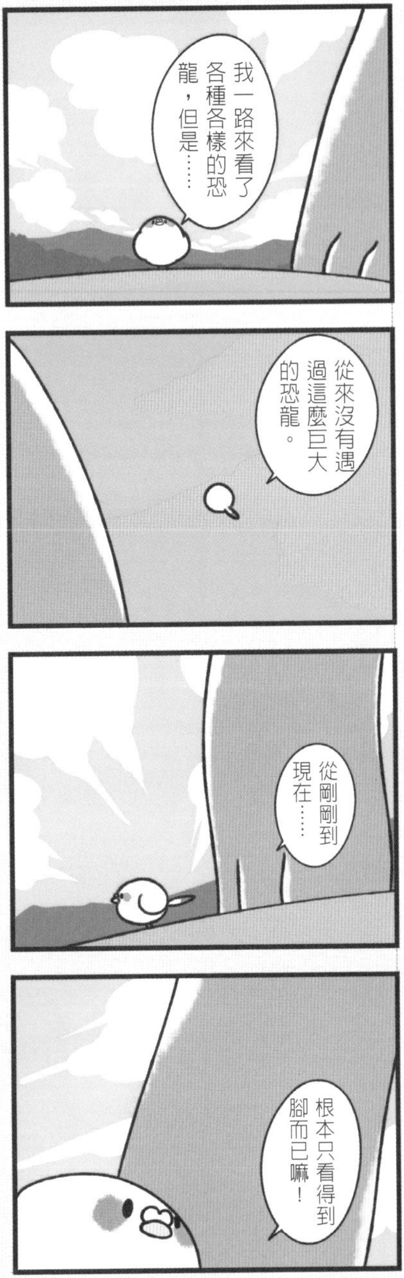
我一路來看了各種各樣的恐龍，但是……
從來沒有遇過這麼巨大的恐龍。
從剛剛到現在……
根本只看得到腳而已嘛！

冷知識 據說超龍似乎不太能夠往上抬高脖子。

巨大武器

其實擁有龐大的體型，
等於擁有了強力的武器。
你想想看嘛！
你實在太大一隻，看了就覺得不可能打贏你。
鴿子
我說的沒錯吧！

column

說法① 因為吃了大量食物才會巨大化

原本出現在三疊紀時期的恐龍體型並沒有那麼巨大，但到了侏羅紀後期，開始出現體型超過30公尺的巨大恐龍。

人們推測，當時植食性恐龍所進食的植物沒有足夠的養分。因此，恐龍可能必須吃下大量植物才能夠填飽肚子，而胃部為了消化大量植物漸漸變大，體型也就不得不跟著巨大化。

說法② 敵手促使了恐龍巨大化

光是擁有巨大的體型，就是一項武器。像是面對體型龐大的大象，就連獅子也幾乎不會展開攻擊。恐龍也是一樣的道理，肉食性恐龍招惹不起體型巨大的植食性恐龍。人們推測隨著植食性恐龍的體型變得愈來愈大，為了讓自己有能力捕食牠們，肉食性恐龍也跟著變得愈來愈大。

FILE_028

梁龍

擁有極長脖子和尾巴的恐龍

鉛筆狀的牙齒
長脖子
長尾巴

像鞭子一樣的尾巴

梁龍的特徵在於擁有極長的脖子，以及長得像鞭子一樣的發達尾巴。牠們的口腔長有形狀像鉛筆的成排牙齒，非常適合扯下植物。根據推測，梁龍會左右擺動長脖子，進食範圍廣泛的植物。

DATA

- 分類：蜥臀目　蜥腳形類
- 體型：全長約 20 ～ 35 公尺
- 分布：美國
- 時期：侏羅紀後期

梁龍的骨頭有許多空隙，所以很輕喔！

梳子

張大嘴巴——
往後拉
你的牙齒好像梳子喔！
梳子？
就是像這樣用來梳頭髮的東西。
如果用我的牙齒來梳頭髮，頭髮可能會掉光光吧！
也對！

方便的脖子？

你的脖子這麼長，高處的食物都可以任你吃到飽吧？
要是有那麼好就好了。
其實我們沒辦法抬高脖子的。
如果可以抬高脖子，那就方便多了。
這樣何必要有這麼長的脖子呢？
我們會像在揮扇子一樣擺動脖子。
我咬！
我咬！
我咬！
原來如此！
你們會停下來攝取能量啊……
難怪會變得那麼大隻！

冷知識 梁龍都是直接把植物吞下肚，不太會多加咀嚼。

尼日龍

擁有平整排列的牙齒

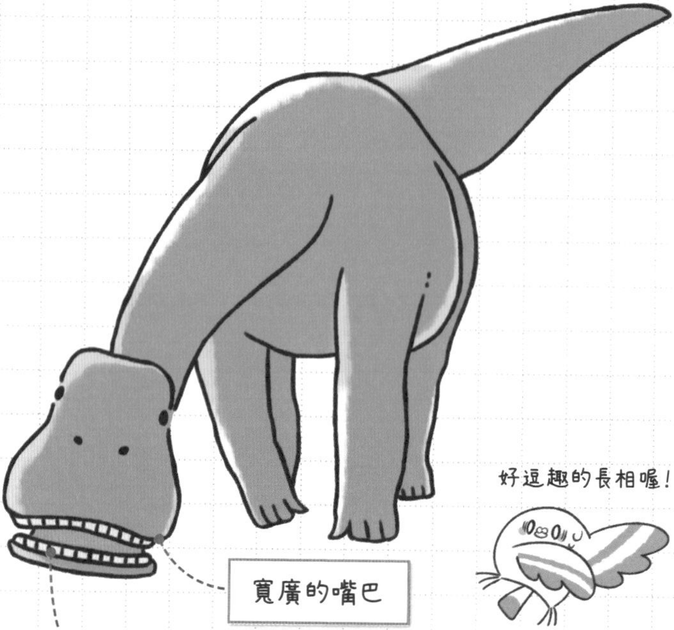
好逗趣的長相喔！
寬廣的嘴巴
平整排列的小牙齒

以地面上的草類為食物

尼日龍的寬廣嘴巴裡，長有平整排列的小牙齒。根據推測，這樣的嘴型適合低下頭啃咬地面上的草類。當初因為是在非洲的尼日被發現，才會被命名為「尼日龍」。

DATA

- 分類：蜥臀目　蜥腳形類
- 體型：全長約15公尺
- 分布：尼日
- 時期：白堊紀初期

尼日龍的嘴型長得好像割草機喔！

割草機

鏘鏘鏘鏘!
好怪的長相喔（笑）
沒禮貌！
你根本不了解這樣的長相有多了不起。
你們的長相除了逗趣之外，還有其他什麼厲害的地方嗎？
啊 嗯～
我們是為了像這樣吃地面上的草，才演化成這種長相的！
啪！啪！
你那小小的鳥喙沒辦法像我們這樣吃草吧？
可惡！我輸了……

冷知識 包含用來替換的備用牙齒在內，尼日龍的口腔裡長有將近500顆牙齒喔！

FILE_030

歐羅巴龍

小型蜥腳形類恐龍

鼻子上方長有頭冠狀的突起部位
體型挺小的呢！

鼻子上方長有頭冠

在擁有巨大體型居多的腕龍同類當中，歐羅巴龍屬於小型恐龍。根據推測，歐羅巴龍是因為住在島上，才會演化成偏小的體型。包含幼體和成體在內，目前一共挖掘到7隻歐羅巴龍的化石，全長為1.7～6.2公尺。長在歐羅巴龍鼻子上方、形狀如頭冠的突起部位相當發達。

DATA

- 分類：蜥臀目　蜥腳形類
- 體型：全長6.2公尺
- 分布：德國
- 時期：侏羅紀後期

歐羅巴龍是在歐洲被發現的喔！

島嶼化

住在島上的生物和大陸上的同類比起來，會出現體型變小的現象。
原因①　食物少
咕嚕～
原因②　敵人少
牠是誰？
這樣的現象稱為「島嶼化」。
只要一輩子都在島上生活，就不用擔心啦！

小小一隻

你和其他同類比起來，體型小很多呢！
其他都那麼大隻嗎？
你不知道你的同類長怎樣嗎？
是啊。
因為我住在小島上啊！
我沒有見過住在大陸上的其他同類。
你要不要試著像我這樣飛飛看？
你在開什麼玩笑！

冷知識 大陸的大型生物去到島嶼會變小，相反地，小型生物到大陸就會變大。

FILE_031

腕龍

擁有修長前肢的恐龍

前臂蜥蜴

Brachiosaurus是腕龍的學名，代表著「前臂蜥蜴」的意思。如其名，腕龍的特徵在於前肢比後肢來得修長。腕龍還擁有長脖子和偏小的頭部，呈現湯匙狀的牙齒則是非常適合咬碎植物。

DATA

- 分類：蜥臀目　蜥腳形類
- 體型：全長約25公尺
- 分布：美國
- 時期：侏羅紀後期～白堊紀初期

前臂

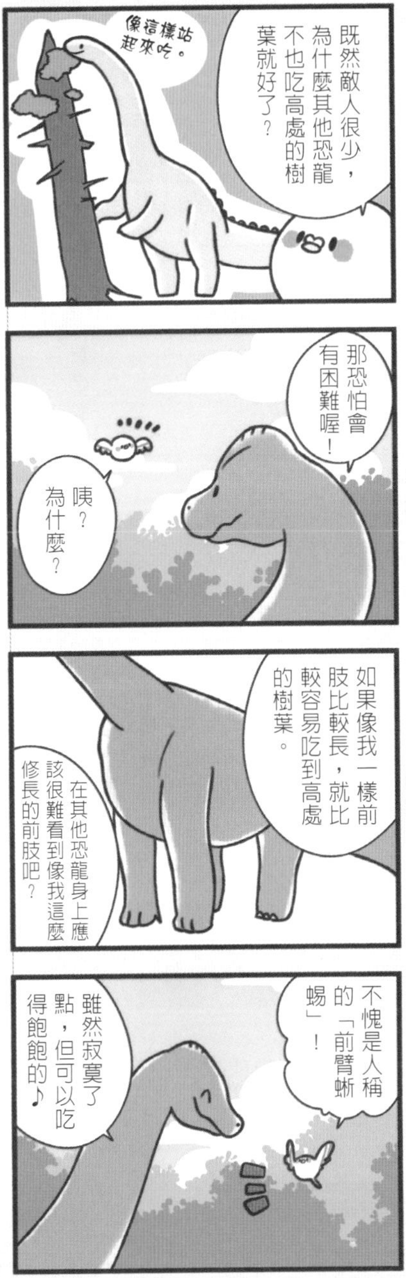
既然敵人很少，為什麼其他恐龍不也吃高處的樹葉就好了？
像這樣站起來吃。
那恐怕會有困難喔！
咦？為什麼？
如果像我一樣前肢比較長，就比較容易吃到高處的樹葉。
在其他恐龍身上應該很難看到像我這麼修長的前肢吧？
不愧是人稱的「前臂蜥蜴」！
雖然寂寞了點，但可以吃得飽飽的♪

高處

真好～可以悠哉地品嚐長在高處的植物。
你好！
哇?!
嚇我一大跳！
有這麼驚訝嗎?!
因為平常不會有其他恐龍跑來這麼高的地方嘛！
真好吃～
好大一隻啊～
真可憐……都沒辦法跟其他恐龍聊天。

冷知識 腕龍在侏羅紀後期最為繁盛，但到了白堊紀初期就不幸滅絕了。

恐龍的武器

每種恐龍為了生存下去，而擁有各式各樣的武器。在這裡為大家介紹4種武器，當中有的一看就知道是武器，有的則是乍看之下一點也不像武器。

爪子（猶他盜龍*）

*猶他盜龍爲伶盜龍的同類。

根據推測，暴龍、伶盜龍的同類所擁有的鉤爪能夠像在畫弧線一樣180度旋轉，牠們會豎起鉤爪朝獵物飛踢。不僅暴龍的同類擁有鉤狀的爪子，就連傷齒龍的同類也擁有如此發達的爪子。

尾槌（包頭龍*）

*包頭龍爲甲龍的同類。

根據推測，甲龍的同類會甩動如棒槌般的大尾巴來展開攻擊。事實上，人們也挖掘到不知道碰撞到什麼而損傷的尾槌化石。甲龍的同類背上還帶有護甲，看來攻擊和防禦兩方面都難不倒牠們呢！

角（三角龍）

多數角龍類的恐龍頭上都長有角，人們猜測是在受到肉食性恐龍攻擊時，用來擊退對方的武器。另外，根據推測，角龍類恐龍之間也會在爭奪母恐龍等時候，以頭上的角互相頂撞。

尾巴（梁龍）

說到長尾巴，其實意外的是一種強力武器。大型的蜥腳形類恐龍擁有巨大的身軀，光是尾巴就足足有十幾公尺那麼長。據說牠們只要甩動尾巴，幾乎所有敵人都無法靠近。

薩爾塔龍

背上帶有護甲的恐龍

我也好想擁有護甲喔～

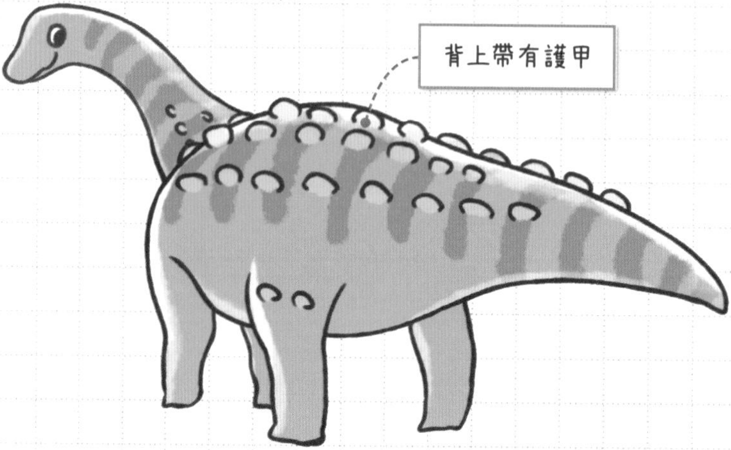
背上帶有護甲

利用堅硬的護甲讓自己逃過肉食性恐龍的魔掌

薩爾塔龍的體型略顯纖瘦，背上帶有骨板所形成的堅硬護甲。根據推測，薩爾塔龍是利用堅硬的護甲，來保護自己不被肉食性恐龍攻擊。另外，人們也挖掘到應是屬於薩爾塔龍的恐龍蛋化石。

DATA

- 分類：蜥臀目　蜥腳形類
- 體型：全長約15公尺
- 分布：阿根廷
- 時期：白堊紀後期

原來薩爾塔龍這種身材還算是瘦的啊！

背上的護甲

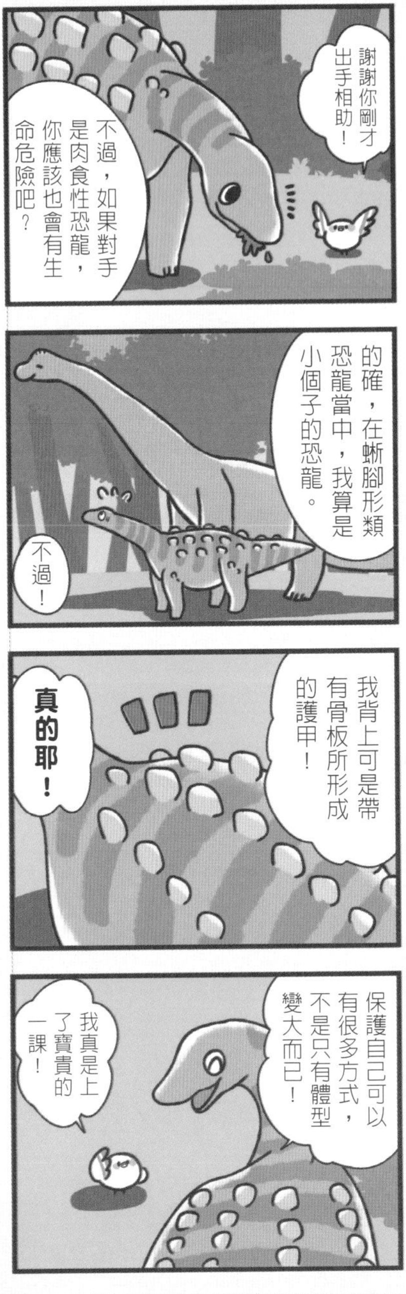
謝謝你剛才出手相助！
不過，如果對手是肉食性恐龍，你應該也會有生命危險吧？
的確，在蜥腳形類恐龍當中，我算是小個子的恐龍。
不過！
我背上可是帶有骨板所形成的護甲！
真的耶！
保護自己可以有很多方式，不是只有體型變大而已！
我真是上了寶貴的一課！

擁有護甲的身軀

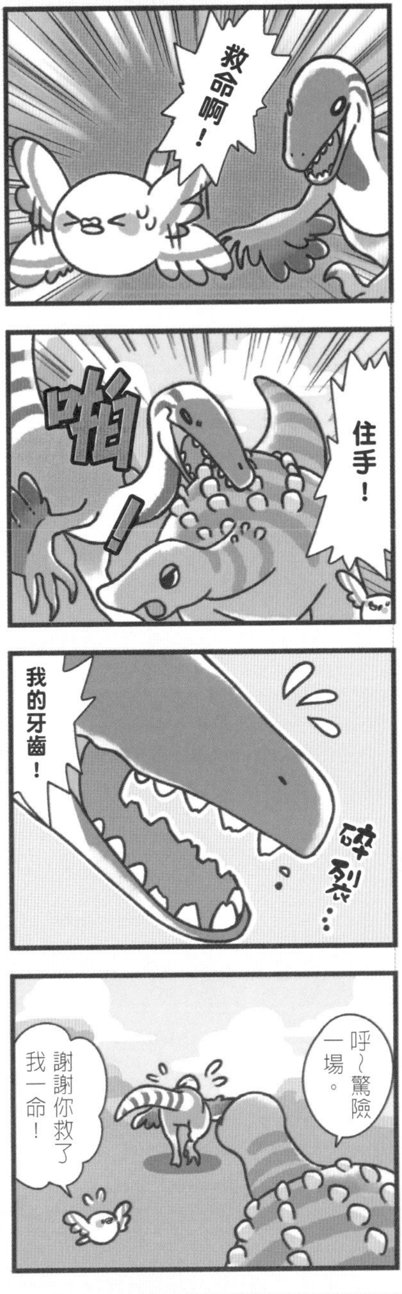
救命啊！
住手！
啪
！
我的牙齒！
碎裂……
呼～驚險一場。
謝謝你救了我一命！

冷知識 人們挖掘到的薩爾塔龍蛋化石呈現圓球狀，直徑差不多有13 ～ 15公分喔！

日本的恐龍①

日本原本屬於歐亞大陸的一部分，因此在日本各地的中生代地層都曾挖掘到恐龍化石。

丹波龍

丹波龍是在日本兵庫縣丹波市的白堊紀初期地層被挖掘到的恐龍。以在日本發現的恐龍來說，丹波龍被挖掘到身體多數部位的化石，而且保存狀態十分良好。丹波龍的相關論文在2014年被發表出來，也有了正式學名「Tambatitanis」。

- 蜥臀目蜥腳形類
- 全長約15公尺？
- 日本（兵庫縣）
- 白堊紀初期

福井龍

日本福井縣勝山市在1989年展開了挖掘調查行動，福井龍即是在這場調查行動中被挖掘到的恐龍。2003年，福井龍有了正式的學名「Fukuisaurus」。福井龍屬於禽龍的同類，是一種擁有結實上顎的植食性恐龍。在福井縣立恐龍博物館可以看到福井龍的全身骨架喔！

- 鳥臀目鳥腳類
- 全長約4.7公尺
- 日本（福井縣）
- 白堊紀初期

column

日本的恐龍②

全體集合

日本這麼小一個島國，
應該挖掘不到多少恐龍吧～
還有福井龍和
丹波龍。
有雙葉龍，但其實就是蛇頸龍……
別忘了本大爺的存在！
本大爺是勝山高志龍，多多指教！
哇！
我是2010年被命名的福、福井巨龍……
我是福井盜龍！
我是茂師龍～
居、居然有這麼多種類!!

日本的著名挖掘地點

恐龍在中生代時期相當繁盛，人們也都是在中生代地層挖掘到恐龍化石。日本在中生代時期還沉在海裡，所以大家一直認為不太可能會有恐龍的化石。可是，在海中堆積形成的日本北海道蝦夷層群裡，發現了與護甲類恐龍和鐮刀龍屬於同類的恐龍化石。除此之外，在當時是陸地、涵蓋了石川縣、富山縣、福井縣、岐阜縣的手取層群裡，也發現了福井龍、福井盜龍等多數保存狀態良好的化石。

在日本發現了各種各樣的恐龍

除了上面所提到的恐龍之外，在日本岩手縣岩泉町的宮古層群發現了屬於蜥腳形類的茂師龍、在三重縣鳥羽市的松尾層群發現了屬於蜥腳形類的鳥羽龍、在熊本縣御船町的御船層群發現屬於獸腳類的御船龍。當中御船龍的牙齒化石，還是一個小學一年級生所發現的呢！除此之外，在日本各個不同地點也挖掘到了蛇頸龍、魚龍、翼龍的化石，目前這些化石大多被展示於各地的博物館。

2章

細嚼慢嚥型的恐龍

MOGUMOGU

p.110

為什麼頭部會這麼長？

你知道恐龍的祕密嗎？

p.118

恐龍的頭上
有圓頂?!

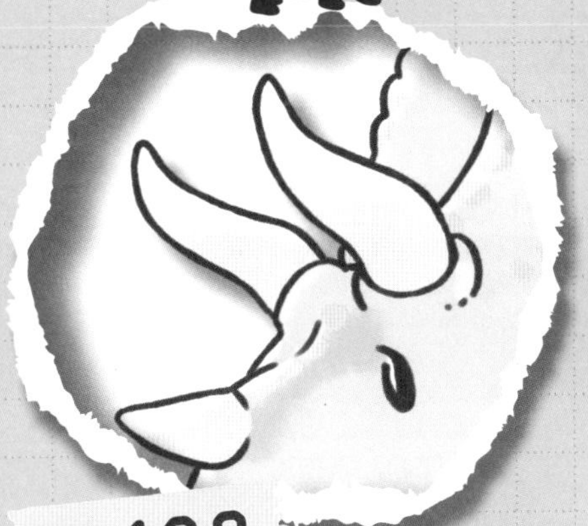

p.128

靠著 3 根角搏鬥！

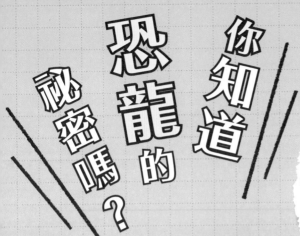

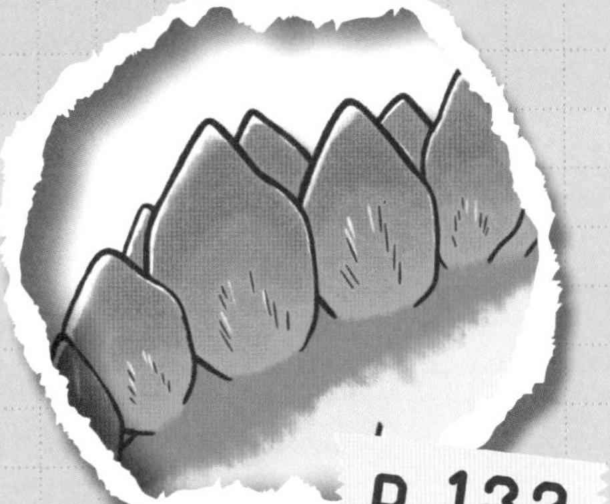

p.132

這究竟是什麼
部位啊？

FILE_033

禽龍

最早被發現的恐龍

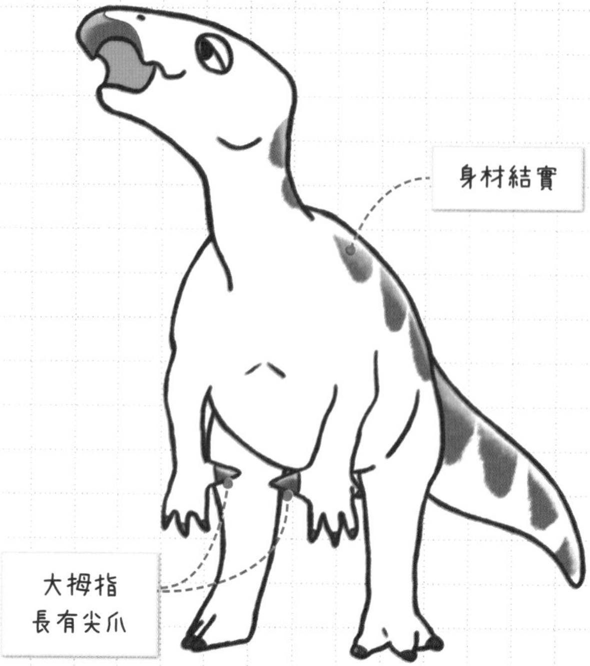

世界第二個被命名的恐龍

禽龍是最早被發現化石、第二個被命名的恐龍。禽龍的前肢大拇指長有尖銳的爪子，最初還曾經被誤認為是角。由於禽龍能夠彎起前肢的小指，因此可推測牠們會利用前肢抓取物品。

DATA

- 分類：鳥臀目　鳥腳類
- 體型：全長約10公尺
- 分布：比利時、英國、法國、西班牙、葡萄牙、德國
- 時期：白堊紀

到底是角？還是爪子？
有沒有搞錯？真是氣死人了！
怒氣沖沖
你怎麼了？?
聽說有一段時期我的爪子被誤當成是角！
那真是委屈你了。
想像圖
人類本來似乎以為我長成這副模樣！
禽龍！！
那樣感覺也滿帥氣的喔?!
唔……
被你這麼一說，好像是喔。

冷知識 禽龍的牙齒長得和鬣蜥很像，所以學名被取為Iguanodon，意思就是「鬣蜥的牙齒」

FILE_034

慈母龍

育兒恐龍

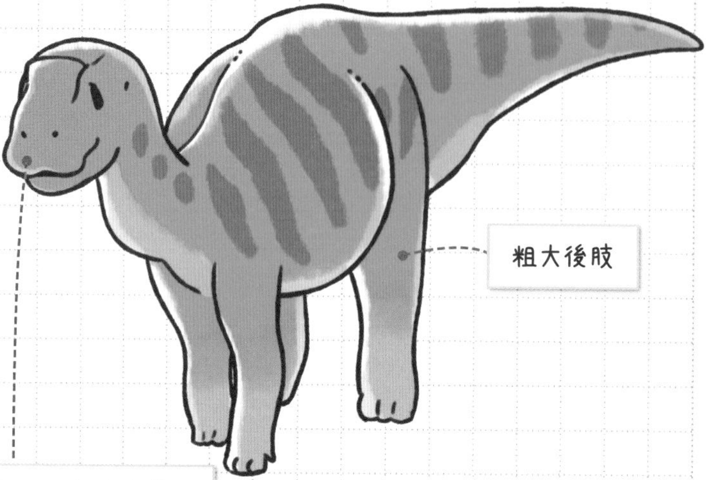
粗大後肢
形狀近似鴨嘴的嘴型

具有育兒習性的恐龍

慈母龍的學名為Maiasaura，意思是「好媽媽蜥蜴」。因為從化石中發現還不會走路、只能待在巢穴裡的慈母龍寶寶的牙齒有磨損現象，所以推測出慈母龍父母會帶回食物給寶寶吃。根據研究，慈母龍不僅會群體築巢，並且會定期在相同地點築巢。

DATA

- 分類：鳥臀目　鳥腳類
- 體型：全長約9公尺
- 分布：美國
- 時期：白堊紀後期

沒想到有恐龍會照顧小寶寶，真是了不起！

急速成長

隔了一段日子後……
咦?你們是不是變大很多?
是啊!
我們會急速成長到一定程度的體型大小喔!
大概7年的時間就可以成長到7公尺長。
意思是1年成長多達1公尺?!
如果不長得快一點,就會被肉食性恐龍給吃掉……
恐龍世界還真是不好混喔……

父母的職責

肚子好餓喔~
到處都有小寶寶耶!
我要飯飯~
讓開!讓開!
哇!
馬麻回來了喔!
耶~
…
不知道我是不是也是這樣被照顧長大的?

冷知識 也有挖掘到還在蛋殼裡的慈母龍寶寶化石喔!

育兒恐龍

育兒方式

沙沙 沙沙
嗯？這是在幹嘛啊？
天啊?!
太過分了！竟然把蛋埋進土裡！
難道你打算棄養小孩嗎?!
咦?!
我只是利用這樣的方式在孵蛋而已啊……
真、真的啊?!

I♥DINOSAURS

column

具有育兒習性的恐龍

大家都知道慈母龍是以會餵食與撫養寶寶而聞名的恐龍。另外，在中國也挖掘到一隻成年鸚鵡嘴龍和34隻恐龍寶寶在一起的化石。人們由此推測鸚鵡嘴龍父母當時會照顧多隻恐龍寶寶。不過，一隻成年鸚鵡嘴龍不太可能生下那麼多恐龍寶寶，所以有可能是一起照顧群體其他同伴的寶寶。

具有孵蛋習性的恐龍

從一路來的研究中，人們發現有些恐龍會把恐龍蛋埋在土裡，有些恐龍會抱著恐龍蛋來孵蛋，而這兩種恐龍的蛋殼有所不同。

根據這些研究結果，可推測出部分鳥腳類和蜥腳形類的恐龍具有把恐龍蛋埋在土裡的習性。另一方面，像是傷齒龍或偷蛋龍等習慣抱著恐龍蛋來孵蛋的恐龍，則是比較接近現代鳥類的恐龍。

FILE_035

埃德蒙頓龍

從化石中發現保有皮膚痕跡的恐龍

好可愛的頭冠喔!

頭上長有頭冠
鴨嘴般的嘴型

在阿拉斯加挖掘到大量化石

人們發現很多埃德蒙頓龍的化石，尤其在阿拉斯加，更是挖掘到大量的化石。在這當中，還發現保有皮膚痕跡的化石。以前被稱為鴨龍和大鴨龍的恐龍，現在也都被歸類於埃德蒙頓龍。

DATA

- 分類：鳥臀目　鳥腳類
- 體型：全長約13公尺
- 分布：美國、加拿大
- 時期：白堊紀後期

埃德蒙頓龍是植食性恐龍喔!

木乃伊

你在做什麼啊?!
因為我聽說這麼做，就可以變成木乃伊。
我希望我的軀體可以保留到未來。
不用這麼做也可以留下骨頭，不是嗎？
……
我就在猜會是這樣！
這樣真的很熱，我早就想拆下來了。
快幫我拉一下！
…

冷知識 因為發現皮膚化石，所以也會用「木乃伊化石」來稱呼埃德蒙頓龍的化石。

FILE_036

副櫛龍

後腦杓往後拉長的恐龍

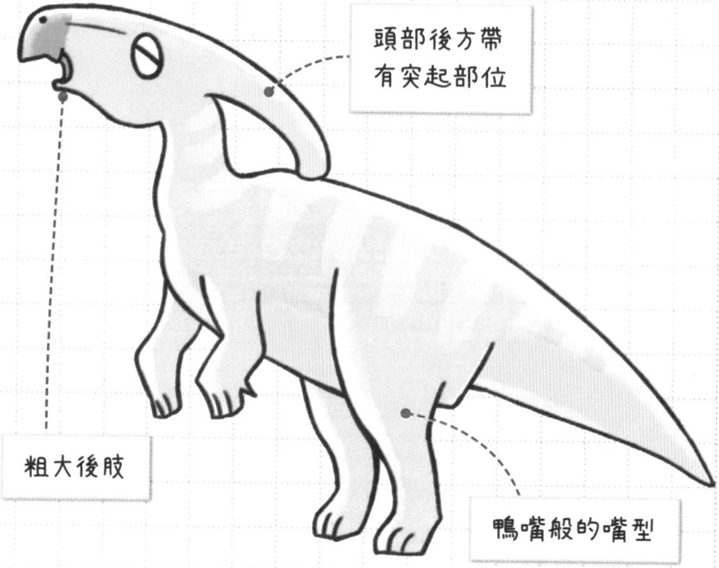
頭部後方帶
有突起部位
粗大後肢
鴨嘴般的嘴型

響亮的叫聲

副櫛龍的頭部後方帶有頭冠狀的突起部位，並且往後延伸拉長。其突起部位與鼻子相連，內部呈現中空構造。根據推測，副櫛龍能夠利用突起部位的中空構造，使叫聲產生共鳴而發出響亮的叫聲，或是嗅出遠處的氣味。

DATA

- 分類：鳥臀目　鳥腳類
- 體型：全長約10公尺
- 分布：美國、加拿大
- 時期：白堊紀後期

好有趣的頭型喔！

用途

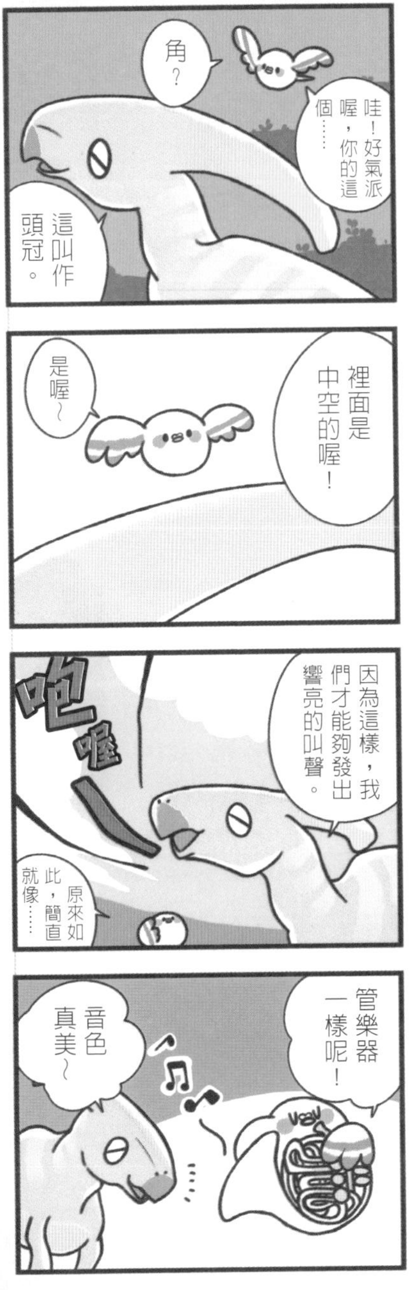
哇！好氣派喔，你的這個……
角？
這叫作頭冠。
裡面是中空的喔！
是喔～
咆喔
因為這樣，我們才能夠發出響亮的叫聲。
原來如此，簡直就像……
管樂器一樣呢！
音色真美～

回聲

咆喔
咆喔——……
回聲傳來了！
咆喔
奇怪了?! 回聲怎麼會再傳來一次……
剛剛那是在和對面的同伴交談，不是回聲。
你們的叫聲好響亮喔！

冷知識 有說法指出公副櫛龍的突起部位比母副櫛龍更長。

細嚼慢嚥

FILE_037

日本龍

日本人第一個發表的恐龍

據說日本龍的頭上也長了頭冠。

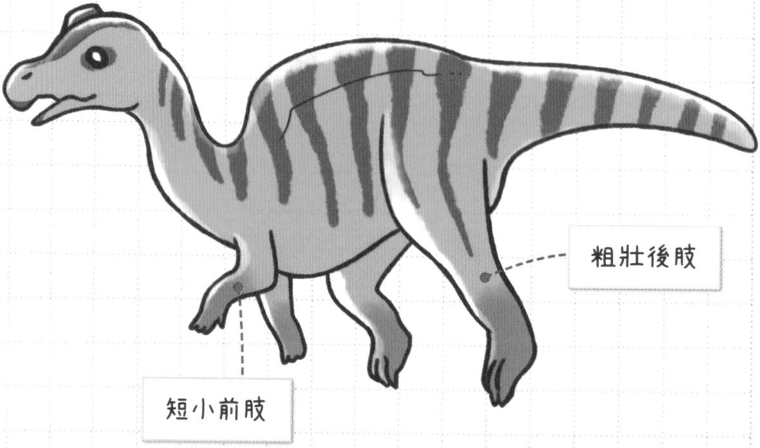

在薩哈林（樺太）被發現的恐龍

日本龍是第一個由日本人進行研究，並且賦予了學名的恐龍。1934年，當時的薩哈林（樺太）仍屬於日本領土，人們在當地炭坑的醫院建設工地，發現了日本龍的化石。後來，在1936年時取了正式的學名為「Nipponosaurus sachalinensis」。

DATA

- 分類：鳥臀目　鳥腳類
- 體型：全長約4公尺
- 分布：俄羅斯（薩哈林）
- 時期：白堊紀後期

當時所發現的骨頭化石是日本龍寶寶的化石喔！

發現地點

聽說我是在一個叫作日本的地方被發現的。
真的啊！在日本哪裡啊？
恐龍寶庫的福井嗎？
不是耶。
FUKUI
(福井)
該不會是首都東京吧？
也不是耶。
TOKYO
(東京)
是在薩哈林。
薩哈林在哪裡啊？

冷知識 日本龍的骨頭化石目前被保存在北海道大學喔！

盤古大陸

大陸

盤古大陸
PANGEA
原來以前的世界長成這樣啊！
以前跟現在不一樣，只有一塊大陸而已。
好好喔～
為什麼？
這樣用走的就可以環繞世界一圈啊！
你會飛，根本沒差吧？
有沒有陸地可以停下來休息差很多的！

column

一整塊大陸

在開始出現恐龍的三疊紀中期（約2億3000萬年前），全世界只有一塊巨大的大陸。這塊大陸被稱為盤古大陸。

現在的各大陸在當時彼此相連，所以生物們可以在全世界自由移動。因此，在盤古大陸的那個時代，世界各地都有相同種類的動物棲息。不過，到了侏羅紀時期後，狀況就有所改變了。

大陸分裂

到了2億130萬年前左右、世界進入侏羅紀時期後，大陸開始分裂成南、北兩塊。北方分裂成勞亞大陸，南方則分裂成岡瓦那大陸。

到了大約1億4500萬年前、世界進入白堊紀時期後，又分裂成了更多塊大陸，各大陸上的生物也各自展開演化。等到白堊紀時期進入尾聲時，大陸已經分裂成和現代差不多一樣的狀態。大陸之所以會像這樣移動，是因為一種被稱為「板塊運動」的現象所造成的喔！

細嚼慢嚥

FILE_038

龍王龍

長相似龍的恐龍

頭部後方帶有刺棘
扁平頭顱

龍王龍有可能是厚頭龍的寶寶？

龍王龍的鼻子和頭部後方帶有刺棘，牠們的頭顱並非呈現圓頂狀，而是扁平頭顱。由於龍王龍和厚頭龍生存在相同時期的相同地點，因此也有說法指出龍王龍的顱骨會隨著成長而變得發達，最後長大成為厚頭龍。

DATA

- 分類：鳥臀目　厚頭龍類
- 體型：全長約2.4公尺
- 分布：美國
- 時期：白堊紀後期

長得跟龍好像喔！

該不會是厚頭龍吧？

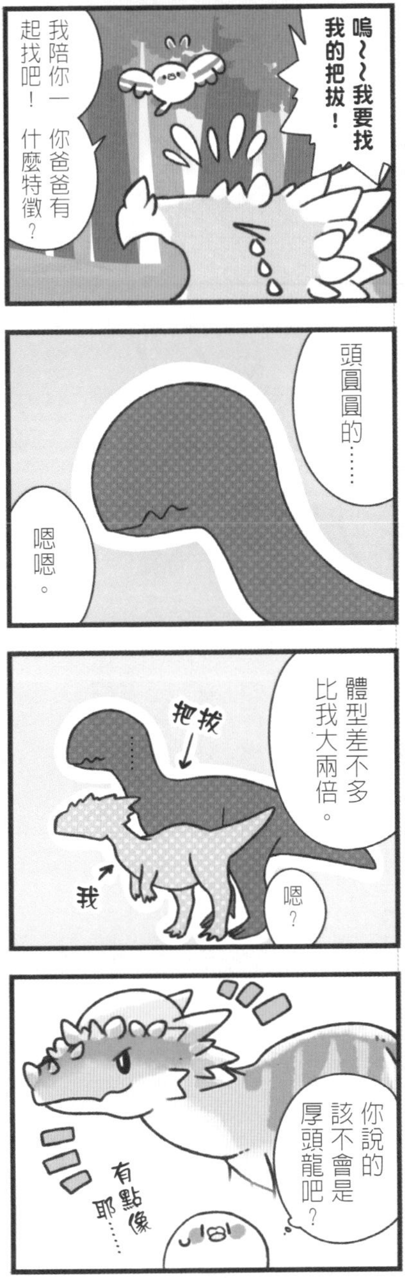
嗚～～我要找我的把拔！
我陪你一起找吧！你爸爸有什麼特徵？
頭圓圓的……
嗯嗯。
體型差不多比我大兩倍。
把拔
我
嗯？
你說的該不會是厚頭龍吧？
有點像耶……

冷知識　人們推測厚頭龍類恐龍的尾巴長有肌腱，能讓尾巴直挺。

FILE_039

厚頭龍

擁有堅硬頭顱的恐龍

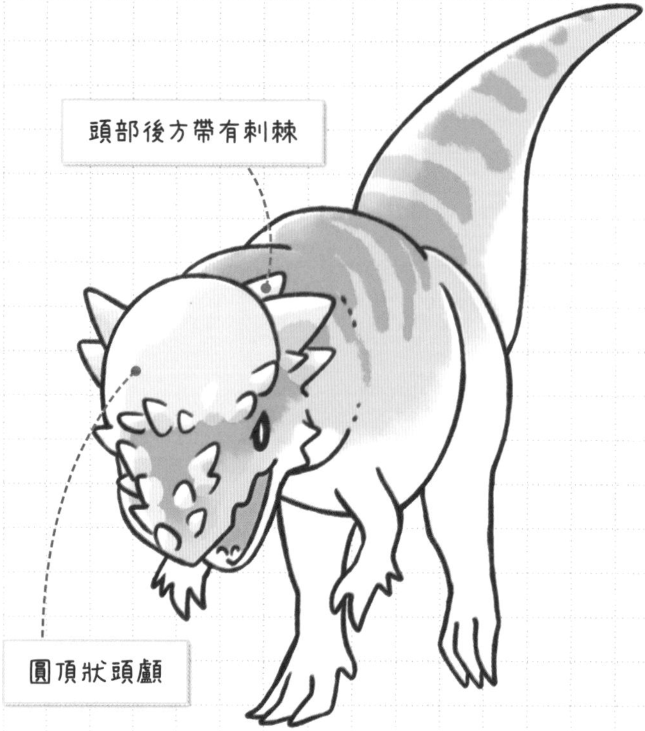
頭部後方帶有刺棘
圓頂狀頭顱

頭顱會隨著成長而變得堅硬

以厚頭龍類的恐龍來說，厚頭龍是體型最大的一種。牠們的特徵在於擁有巨大的顱骨。撇開顱骨不談，厚頭龍還有很多沒有找到的部位，所以人們對牠們的身體構造還有很多不了解之處。

DATA

- 分類：鳥臀目　厚頭龍類
- 體型：全長約5公尺
- 分布：美國
- 時期：白堊紀後期

據說厚頭龍的顱骨足足有25公分厚耶！

和平的吵架

你們何不找一個不要撞頭的方式來解決事情呢？
唔唔唔~~
像是換成頂來頂去，
啪
或者是看誰的頭比較氣派之類的。
很好！來一決勝負吧！
求之不得！
算了，你們好好加油吧！

撞頭功

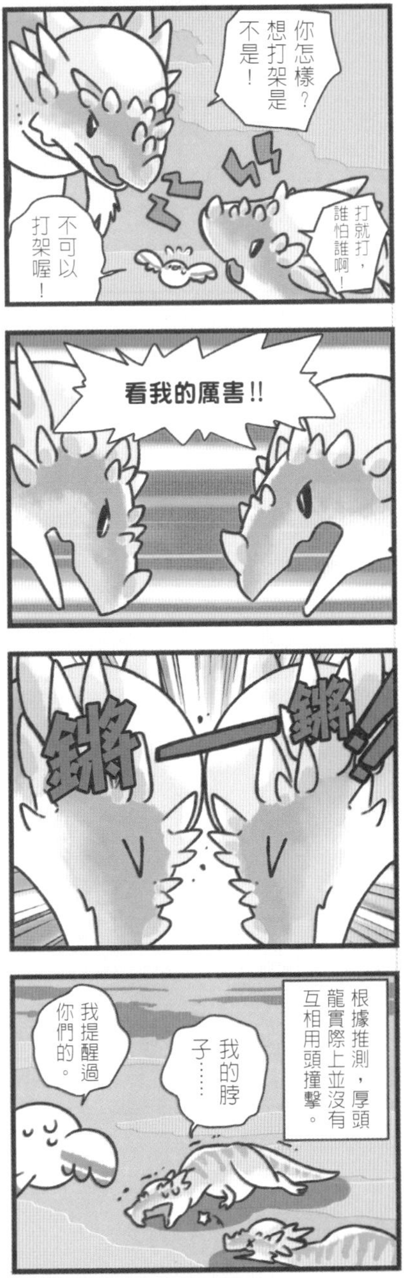
你怎樣？想打架是不是！
打就打，誰怕誰啊！
不可以打架喔！
看我的厲害!!
鏘—鏘!!
根據推測，厚頭龍實際上並沒有互相用頭撞擊。
我的脖子……
我提醒過你們的。

冷知識 根據推測，厚頭龍的頸椎不夠強壯，難以承受互相用頭撞擊的力道。

細嚼慢嚥

FILE_040

鸚鵡嘴龍

原始角龍

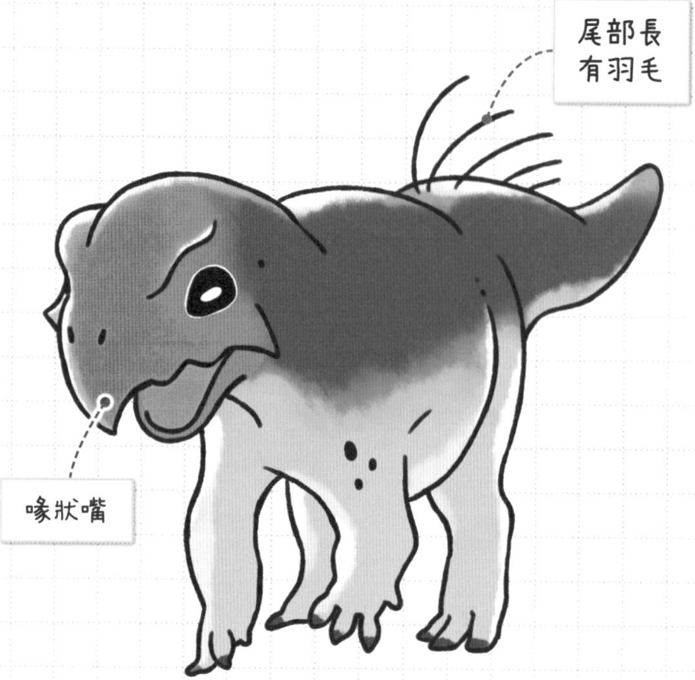

成年鸚鵡嘴龍會以雙足行走

鸚鵡嘴龍屬於原始階段的角龍類恐龍。根據推測，成年鸚鵡嘴龍的前肢短小，所以只靠著後肢行走。由於從化石中發現鸚鵡嘴龍的尾部長有硬質羽毛，因此人們猜測屬於鳥臀目的恐龍也可能長有羽毛。

DATA

分類：鳥臀目　角龍類

體型：全長1～2公尺

分布：蒙古、中國、俄羅斯、泰國

時期：白堊紀初期

原來鸚鵡嘴龍可以站著走路呢！

總有一天

你也是恐龍？小小一隻好可愛喔！
呵呵～
我叫Psittacosaurus，意思是「鸚鵡蜥蜴」。
因為我的嘴巴跟鸚鵡長得很像。
你算是角龍類的恐龍嗎？
雖然沒看見你頭上有角。
應該算是吧。
所以啊，我在想總有一天我一定也會長出角或是頭盾來。
笑咪咪咪咪
嗯～這很難說耶。

可怕的哺乳類

我的媽啊～
怎麼了？你會怕哺乳類啊？
那是爬獸！牠們是肉食性動物！
嘶嘶嘶嘶嘶嘶嘶
那些狠心的傢伙會吃掉我們的寶寶！
真是太可怕了！
好怕——啊
原來也有恐龍被哺乳類吃掉的例子啊……

冷知識 學名Psittacosaurus代表「鸚鵡蜥蜴」的意思，其因是有著很像鸚鵡的嘴型。

恐龍時代的哺乳類

進入白堊紀時期後，哺乳類動物當中，開始出現和現今大部分的哺乳類動物都有著親戚關係的「真獸類動物」。除此之外，也出現了擁有巨大的體型，而且會捕食恐龍的哺乳類動物。

爬獸

爬獸是中生代時期體型最大的哺乳類動物。牠們是已經滅絕的哺乳類動物，和現今的哺乳類動物沒有親戚關係。爬獸是在陸地上棲息的肉食性動物，根據研究結果，牠們似乎會吃體型嬌小的恐龍。從爬獸的化石腹部中，也曾發現鸚鵡嘴龍寶寶的遺骸。

- 分類：哺乳類、真三尖齒類
- 體型：身長約0．8公尺
- 分布：中國
- 時期：白堊紀初期

篠山獸

挖掘到篠山獸的地點在日本兵庫縣篠山市。一路來在日本挖掘到的真獸類動物當中，篠山獸是最古老的一種。比起其他真獸類動物，篠山獸的小臼齒數量比較少。雖然目前只挖掘到篠山獸的下顎骨頭化石，但從化石的大小可推測出篠山獸的體型應該和老鼠差不多，身長約有十幾公分、體重50公克左右。

- 分類：哺乳類、真獸類
- 體型：下顎長度約 2.5公分
- 分布：日本
- 時期：白堊紀初期

頭盾

喙狀嘴

帶有頭盾的恐龍
原角龍

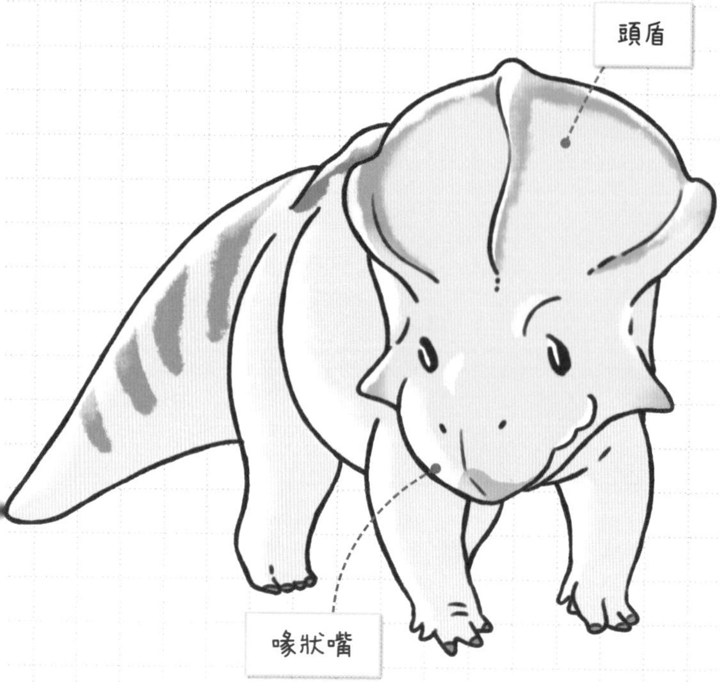

原角龍是在蒙古大量挖掘到的恐龍。隨著從幼年長大成年，原角龍頭上的頭盾會愈來愈大。根據推測，原角龍在幼年時期是以群體生活。另外，也挖掘到了原角龍與肉食性的伶盜龍打鬥的化石。

在蒙古大量挖掘到原角龍的化石

------- **DATA** -------

分類：鳥臀目　角龍類
體型：全長約1.8～2.5公尺
分布：蒙古、中國
時期：白堊紀後期

原角龍的頭上沒有角耶！

為母則強

伶盜龍──來也！
伶盜龍來也！
?
這我沒辦法應付！
咚
?!
混帳東西！
誰說你可以對我的孩子下手了?!
為母則強！

沒有角的角龍

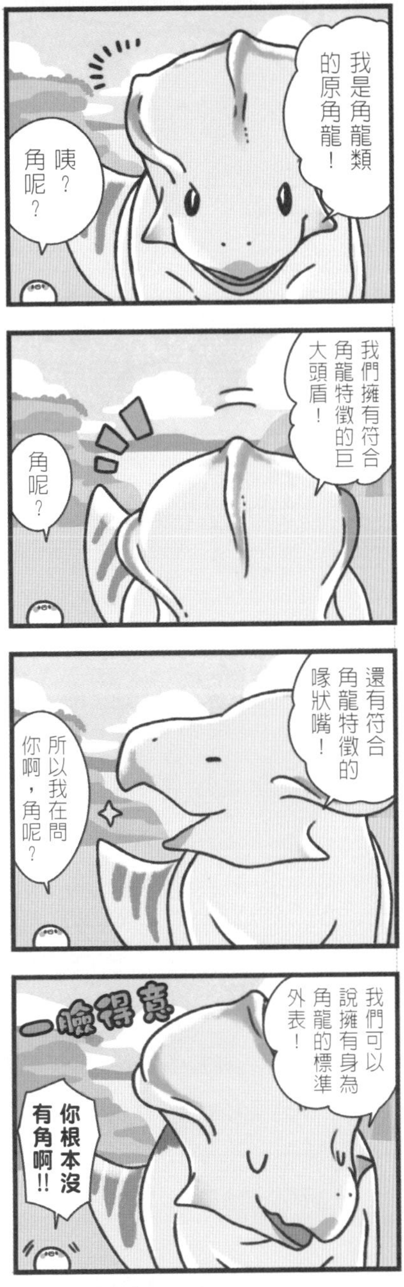
我是角龍類的原角龍！
咦？角呢？
我們擁有符合角龍特徵的巨大頭盾！
角呢？
還有符合角龍特徵的喙狀嘴！
所以我在問你啊，角呢？
一臉得意
我們可以說擁有身為角龍的標準外表！
你根本沒有角啊!!

冷知識 人們挖掘到大量的原角龍化石，對原角龍的成長過程也有深入的研究喔！

好帥氣的頭盾喔！

頭盾加上角
臉上長有瘤狀的突起部位

細嚼慢嚥

FILE_042

厚鼻龍

帶有頭盾和角的恐龍

臉上長有巨大的瘤狀突起部位

厚鼻龍是最重量級的尖角龍類恐龍。牠們的臉上沒有角，但取而代之地，長有巨大的瘤狀突起部位。厚鼻龍的角長在頭盾的上方和正中間的位置。根據推測，厚鼻龍大約9年的時間就可以長大成年。

DATA

- 分類：鳥臀目　角龍類
- 體型：全長約8公尺
- 分布：美國、加拿大
- 時期：白堊紀後期

好雄偉的頭盾喔！

最重量級

氣死人了！三角龍算什麼東西！
你在氣什麼啊？
開什麼玩笑！我在角龍當中也是體型很大的恐龍！
是沒錯啦！
明明如此，卻只有三角龍是人氣王！
可惡——！
不停跺腳！
不停跺腳！
嗯……
我看應該是輸在角的不同！

冷知識 角龍類恐龍的角不像犀牛是毛髮集結而成的角，而是骨頭發達形成的角。

FILE_043

三角龍

最重量級的角龍

擁有3根角的恐龍

在角龍類恐龍當中，三角龍是最重量級的一種。牠們的眼睛上方有2根角、鼻子上方有1根角，同時擁有沒有孔洞的實心頭盾。三角龍在幼年時還只有小小的角，但隨著成長愈變愈大。三角龍會利用喙狀的尖嘴咬下植物來進食。

DATA

- 分類：鳥臀目　角龍類
- 體型：全長約6～9公尺
- 分布：美國、加拿大
- 時期：白堊紀後期

名字的含意

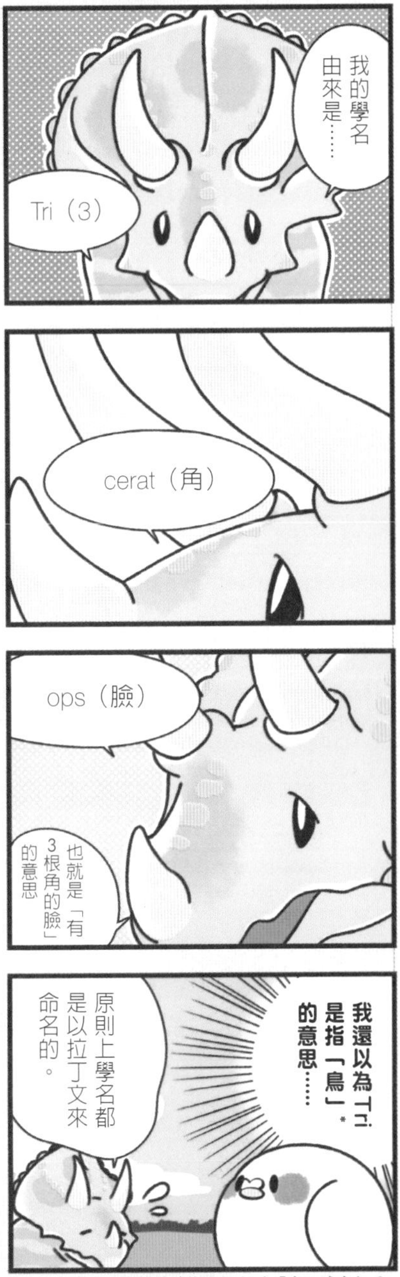
我的學名由來是……
Tri（3）
cerat（角）
ops（臉）
也就是「有3根角的臉」的意思
我還以為Tri是指「鳥」*的意思……
原則上學名都是以拉丁文來命名的。

*Tri的發音和日語的「鳥」發音相同。

堅固的頭盾

張大嘴巴
開飯啦～
救命啊！
這什麼東西啊？太硬了吧！
今、今天就先放你一馬！
好險～逃過了一劫。
你的頭盾好堅固喔！
我的頭盾沒有孔洞，所以很堅固的！

冷知識 人們曾挖掘到頭盾上留有被暴龍咬傷痕跡的三角龍化石。

形形色色的角龍

角部巨大發達的角龍類恐龍可分成和尖角龍屬於同類的恐龍，以及和開角龍屬於同類的恐龍。依種類不同，長在這些恐龍的眼睛或鼻子上方的角或頭盾形狀會有所差異。

刺盾角龍屬於尖角龍的同類，特徵在於鼻子上方的尖角，以及帶有點綴圖案的頭盾。刺盾角龍的眼睛上方沒有角，但鼻子上方長有1根直挺的尖角，頭盾上方也長有6根粗大的角。

- 分類：鳥臀目　角龍類
- 體型：全長約5.5公尺
- 分布：美國、加拿大
- 時期：白堊紀後期

華麗角龍

華麗角龍屬於開角龍的同類，特徵在於長有3根角以及寬大的頭盾。華麗角龍的眼睛上方長有1根微微朝下彎曲的角，鼻子上方也長有角。牠們的頭盾上長有許多朝向下方生長的角。

- 分類：鳥臀目　角龍類
- 體型：全長約5公尺
- 分布：美國
- 時期：白堊紀後期

FILE_044

劍龍

最重量級的劍龍類恐龍

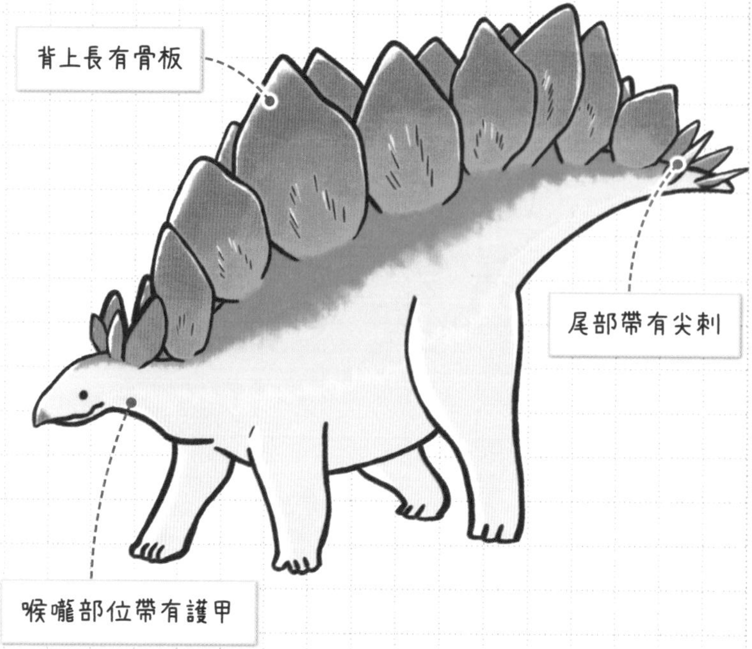
背上長有骨板
尾部帶有尖刺
喉嚨部位帶有護甲

利用背部的骨板來調節體溫

劍龍的背上長有呈現菱形的成排骨板，人們推測劍龍會利用骨板來調節體溫。另外，劍龍的尾巴帶有4根刺棘（尖刺），還有小小骨頭形成的護甲保護著喉嚨部位。劍龍會利用喙狀嘴咬下植物來進食。

DATA

- 分類：鳥臀目　劍龍類
- 體型：全長約7～9公尺
- 分布：美國
- 時期：白堊紀後期

劍龍尾巴上的尖刺
可以當成武器呢！

學名的由來

呦！
這棵樹很方便讓人停下來休息耶！
啊！小心喔～
那尖刺是用來攻擊的～
什麼?!
哇！好多板子喔！
這些板子都是骨頭形成的喔～
好厲害喔，感覺好像屋頂上的瓦礫喔！
畢竟我的學名的由來就是「屋頂」嘛～
補充說明一下，根據想像圖，以前的我是長成這個樣子。
真的就像屋頂耶！

細嚼慢嚥

咀嚼
咀嚼
咀嚼
咀嚼
你不太擅長咀嚼吃東西嗎？
喔，是啊。
咀嚼
因為我的牙齒不怎麼堅固。
怎麼像老頭子一樣……

冷知識 人們曾挖掘到疑似被劍龍的尾部尖刺刺傷過的異特龍化石。

FILE_045

米拉加亞龍

擁有長脖子的劍龍類恐龍

這到底是哪一類的恐龍啊?!

背上的骨板偏小
長脖子

一直存活到白堊紀

米拉加亞龍的脖子很長，擁有17節頸椎，也是鳥臀目的恐龍當中擁有最多頸椎的恐龍。因為米拉加亞龍的脖子很長，所以很可能都是進食長在高處的植物。

DATA

- 分類：鳥臀目　劍龍類
- 體型：全長約6.1公尺
- 分布：葡萄牙
- 時期：侏羅紀後期

米拉加亞龍明明屬於劍龍類，脖子卻這麼長!

到底是誰的同類？

你是蜥腳形類的恐龍卻有骨板，也有尖刺耶！
不對、不對！我才不是蜥腳形類的恐龍！
你不要看我的脖子，要把重點放在骨板和尖刺上面！
你脖子明明就那麼長！
堅硬的骨板，加上尾巴的武器……
我想想喔……
甲龍！
不對啦！我是劍龍類啦！

特徵

你擁有各種恐龍的特徵耶！
呵呵～
我擁有劍龍類的骨板和尾巴！
像蜥腳形類的長脖子！
半吊子的感覺？
不對啦！我是把各種優點集結在一身！

冷知識　米拉加亞龍的化石是在葡萄牙被發現的喔！

細嚼慢嚥

FILE_046

甲龍

最重量級的甲龍類恐龍

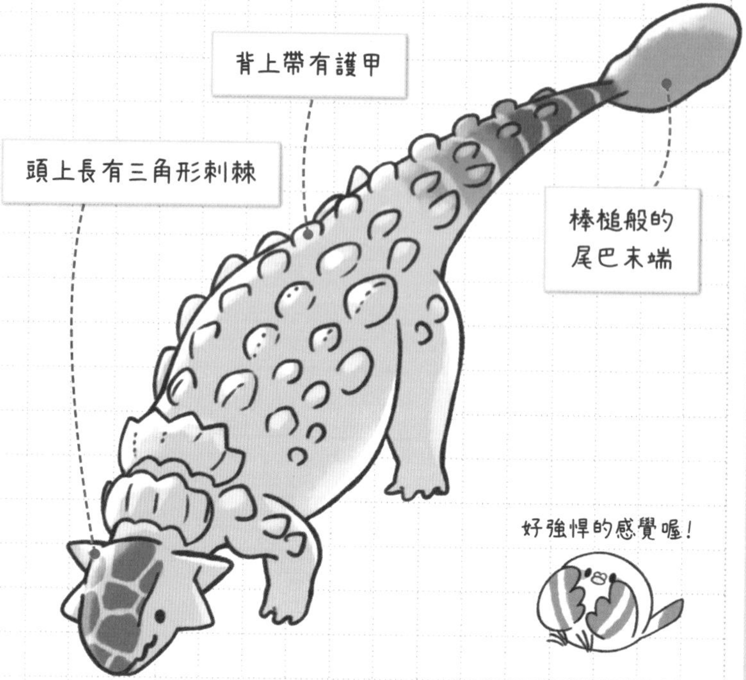

頭上長有三角形刺棘
背上帶有護甲
棒槌般的
尾巴末端
好強悍的感覺喔！

甩動尾槌抗敵

在甲龍類恐龍當中，甲龍是最重量級的一種。牠們的尾巴末端長有骨質形成的尾槌，根據推測應該會利用甩動尾槌的方式來對抗敵人。甲龍的尾部受到多條肌腱的支撐，形成一根堅硬的棒槌。直到恐龍時代的最後，都還有甲龍存活喔！

DATA

- 分類：鳥臀目　甲龍類
- 體型：全長約9公尺
- 分布：美國
- 時期：白堊紀後期

萬一被甲龍的尾槌打到，應該會痛到哭出來吧！

所向無敵？

覆蓋在背部的護甲！
棒槌般的尾巴！
不論是要攻擊或防衛，都所向無敵！
不過，我其實有一個弱點……
咦?!
我跑步超慢的……
行動緩慢
難怪你會需要武器……

冷知識 甲龍類恐龍的護甲內部呈現中空構造，所以很多恐龍的重量比外表看起來輕上許多。

3

章

PATAPATA 展翅高飛型的古生物

p.140

牙齒形狀不一！

你知道古生物的祕密嗎？

p.146

翼龍也會在
陸地上行走？

p.148

手長在
翅膀上！

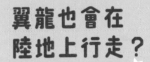

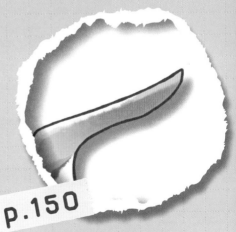

p.150

這是身體的
哪個部位啊？

牠是我的同類嗎?

羽翼

2種牙齒種類

真雙型齒翼龍

擁有最長尾巴的翼龍

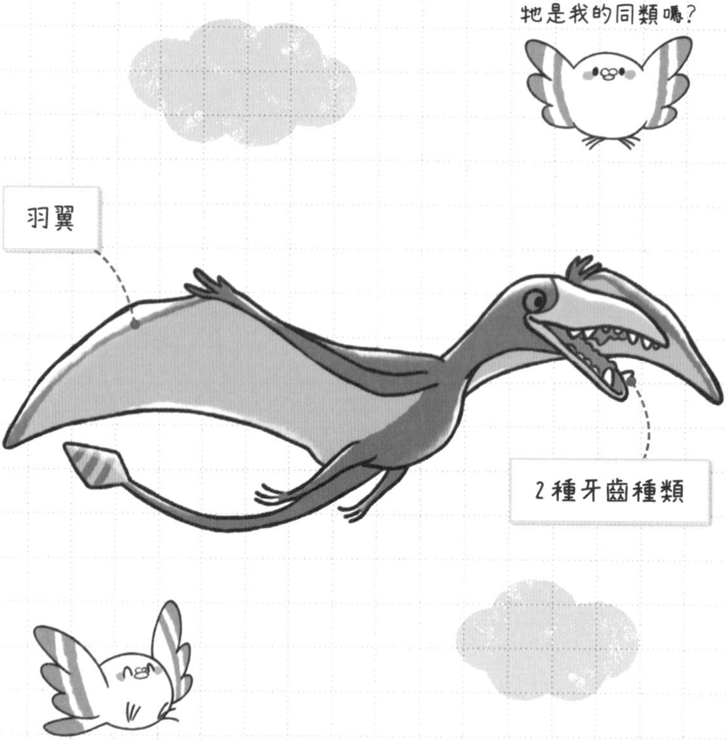

擁有2種牙齒種類
的原始翼龍

真雙型齒翼龍是最古老的翼龍類之一,擁有2種形狀和大小都不相同的牙齒。牠們的嘴巴前端長有獠牙般的大牙齒,口腔後方則是長有具有3~5個突起部位的小牙齒。

DATA

分類:翼龍目

體型:翼展長度約1公尺

分布:義大利

時期:三疊紀後期

翼龍不屬於恐龍
的同類喔!

真的是爬蟲類嗎？

雖然你說自己是爬蟲類，但其實屬於鳥類吧？
你仔細看我的羽翼！
我的羽翼是皮膜形成的！
…
我的是羽毛……
更重要的一點是……
啊！風停下來了。
如果沒有形成上升氣流，我們就會飛不起來喔～

翼龍≠恐龍

原來也會有恐龍在空中飛行啊～
噗噗！這你就不懂了！
我們是翼龍！
我們的骨骼構造可是和鳥類或恐龍截然不同。
那這樣，你是屬於哪一類啊？
爬蟲類！
鱷魚
蛇
蜥蜴
真的假的?!

冷知識 目前並沒有明確研究出翼龍類擁有多強的飛行能力。

展翅高飛

FILE_048

喙嘴翼龍

具飛行能力的爬蟲類同類

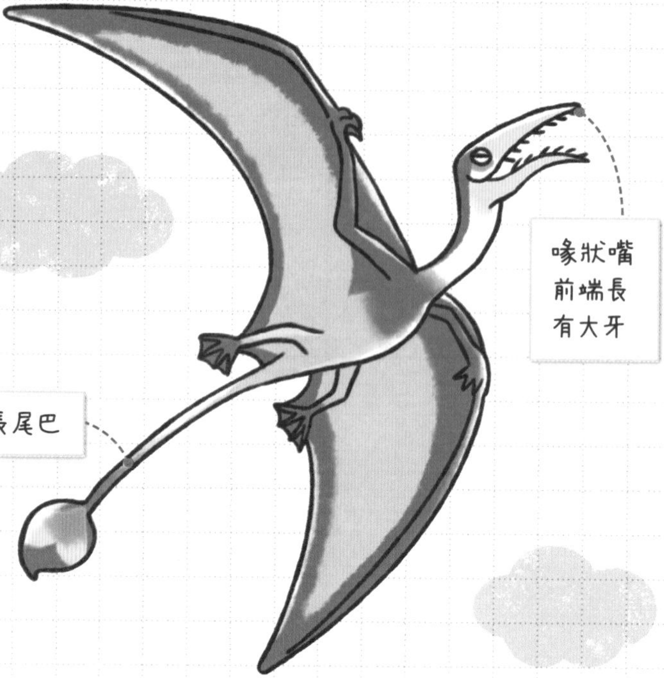
喙狀嘴前端長有大牙
長尾巴

習慣在夜晚行動

根據喙嘴翼龍眼睛部位的化石研究，可以推測出喙嘴翼龍習慣在夜晚行動。喙嘴翼龍的特徵在於長尾巴，以及長在喙狀嘴前端的大牙。隨著成長，喙嘴翼龍的尾巴末端形狀會有極大的改變。根據推測，喙嘴翼龍的長尾巴可以幫助牠們在空中取得平衡。

DATA

- 分類：翼龍目
- 體型：翼展長度約1.8公尺
- 分布：德國、坦尚尼亞
- 時期：侏羅紀後期

喙嘴翼龍是以魚類為食物喔！

屬於晚上的眼睛

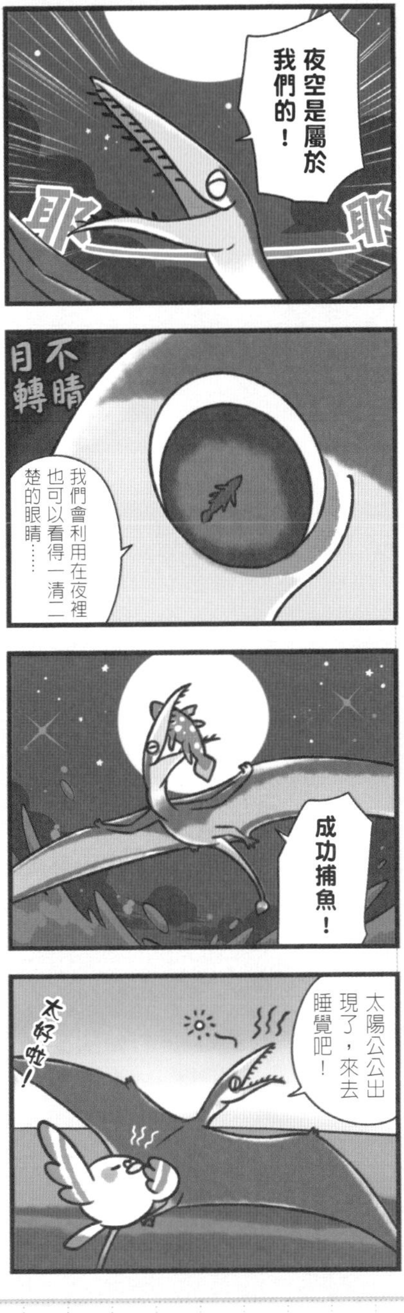
夜空是屬於我們的！
耶
耶
目不轉睛
我們會利用在夜裡也可以看得一清二楚的眼睛……
成功捕魚！
太陽公公出現了，來去睡覺吧！
太好啦！

冷知識　從翼龍類化石上的腳痕，可推測出翼龍會以四肢行走。

短尾巴的翼龍

翼手龍

羽翼

喙狀嘴前端長有牙齒

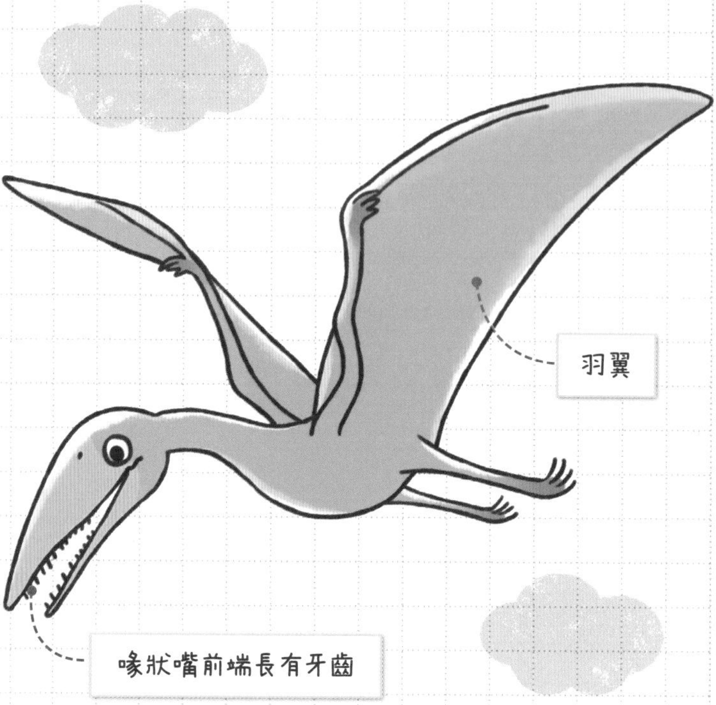

習慣在白天行動

翼手龍屬於尾巴較短的翼龍類，牠們的細長喙狀嘴有一長排小牙齒。根據翼手龍眼睛部位的化石研究，可推測翼手龍習慣在白天行動。只要是可以吃的對象，不論是昆蟲、魚類或沙蠶等等，翼手龍都會捕食。

------- **DATA** -------

- 分類：翼龍目
- 體型：翼展長度約1.5公尺
- 分布：德國、法國、英國
- 時期：侏羅紀後期

原來翼手龍是個貪吃鬼呢！

屬於白天的眼睛

趁著天還亮著，先吃條小魚填飽肚子吧！
耶
耶
我咬！
也吃個小蟲好了！
你什麼都吃耶！
只要放得進嘴巴，我什麼就吃！
晚上時間快到了，睡覺去！
太好啦！

冷知識 翼手龍的學名Pterodactylus的意思是「有翼的手指」喔！

展翅高飛

FILE_050

古神翼龍

尖嘴上下方大大突起的翼龍

以樹果為食物？

古神翼龍發現於巴西，屬於無齒翼龍。古神翼龍的喙狀嘴上下帶有大大的板狀突起部位，偏短的喙狀嘴並不適合捕食魚類。有部分研究家認為古神翼龍的喙狀嘴長得結實，所以會是以樹果為食物。

DATA

- 分類：翼龍目
- 體型：翼展長度約1.5公尺
- 分布：巴西
- 時期：白堊紀初期

不曉得尖嘴的突起部位會不會很容易撞到東西喔？

卡路里

你的身材好苗條喔～
因為我沒什麼肌力，如果身體不夠輕盈，就會飛不起來。
你有什麼保持苗條身材的祕訣嗎？
讓我來想一想～
應該是控制飲食吧！
NO!!
不吃油炸物或高卡路里的東西。
而且，我本來就愛吃樹果啊！
原來你本來就習慣吃低卡路里的食物啊～

簡直就像……

你走路時都不用前肢的啊？
畢竟翅膀是用來飛行的嘛～
我們翼龍的前肢很有力氣，所以會善用前肢來走路。
話說回來，你這姿勢看起來……
簡直就像黑猩猩！
嗚嗚嗚！
你在說誰啊？
你要是能夠長命百歲活上一億年，就有機會見到黑猩猩。

冷知識 古神翼龍又被稱為塔佩雅拉翼龍喔！

展翅高飛

FILE_051

風神翼龍

最重量級的翼龍類

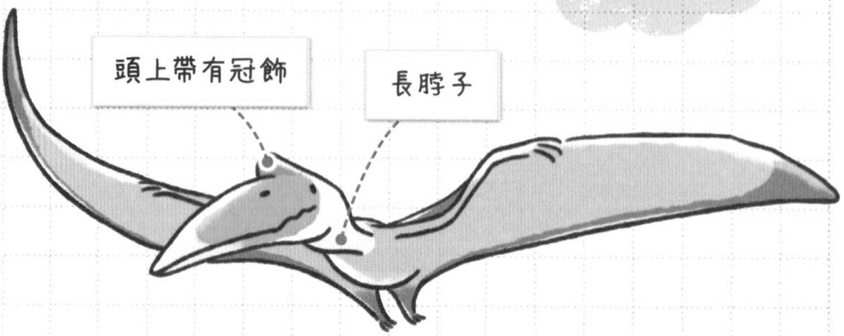
頭上帶有冠飾
長脖子

好大一隻喔!

展開時長達10公尺的羽翼

風神翼龍被說是最重量級的翼龍。當牠們展開左右翼時，長度可達到10公尺以上。風神翼龍的脖子很長，頭上帶有冠飾。根據推測，風神翼龍會利用冠飾來分辨自己的同類。

DATA

- 分類：翼龍目
- 體型：翼展長度約10公尺
- 分布：美國
- 時期：白堊紀後期

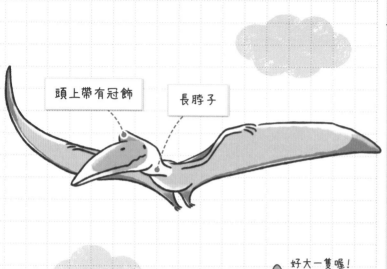

這麼大一隻竟然還飛得起來!

愛比較

呵呵～
你站起來也好大隻喔～
小鴿
是不是跟長頸鹿差不多體型啊？
提供你參考一下，長頸鹿的體重大約是1000公斤。
好重！
我的體重大約200公斤。
好輕！

似曾相識

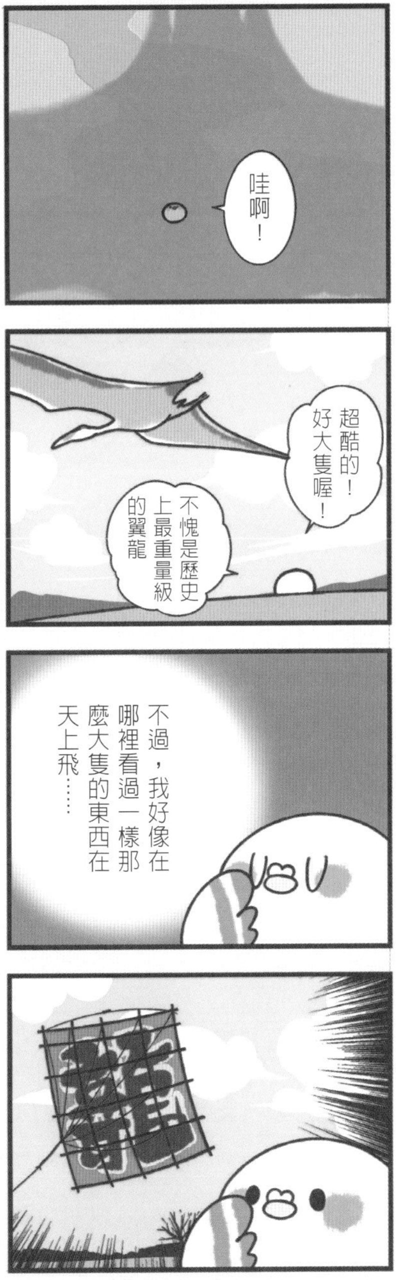
哇啊！
超酷的！好大隻喔！
不愧是歷史上最重量級的翼龍
不過，我好像在哪裡看過一樣那麼大隻的東西在天上飛……

冷知識 翼龍類的骨頭內部是中空構造，所以很輕喔！

展翅高飛

FILE_052

無齒翼龍

具代表性的翼龍

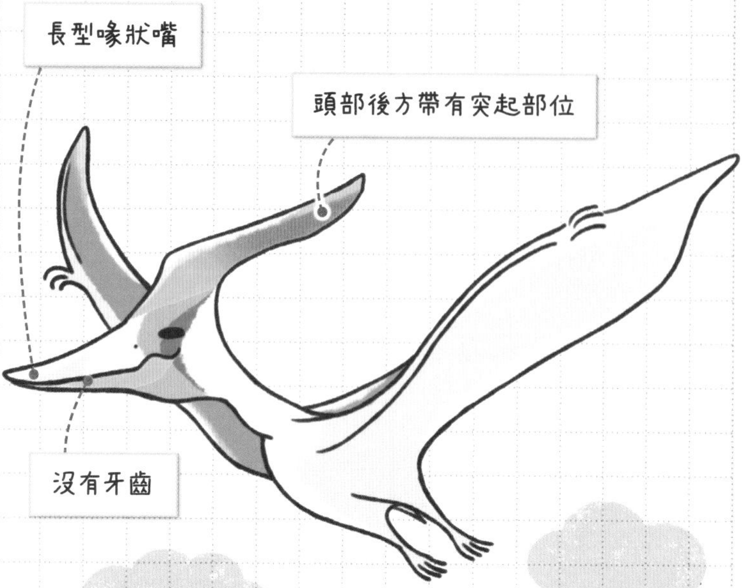

無齒翼龍屬於大型翼龍，牠們擁有很長的喙狀嘴，但沒有牙齒。據說，無齒翼龍是以魚類為食物。無齒翼龍的頭部後方有明顯的突起部位，根據推測，公無齒翼龍的突起部位比較長、母無齒翼龍則比較短。

DATA

- 分類：翼龍目
- 體型：翼展長度約 7 ～ 8 公尺
- 分布：美國
- 時期：白堊紀後期

聽說無齒翼龍都是以魚類為食物喔！

不同之處

你好啊～
你、你好！
是無齒翼龍耶！
長長的頭冠好帥氣喔！
咦？你的頭冠比較短耶！
是不小心折斷了嗎?!
咦？
女生的頭冠比較短喔！
你剛剛遇到的是男生吧。
原來是這樣啊～

不同之處 2

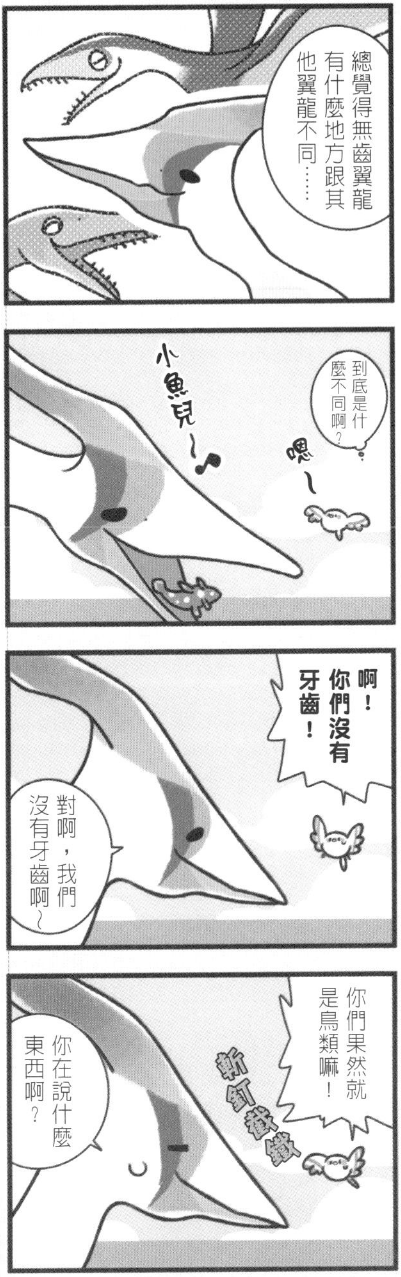
總覺得無齒翼龍有什麼地方跟其他翼龍不同……
到底是什麼不同啊？
嗯～
小魚兒～♪
啊！你們沒有牙齒！
對啊，我們沒有牙齒啊～
你們果然就是鳥類嘛！
斬釘截鐵
你在說什麼東西啊？

冷知識 古神翼龍和風神翼龍也都是沒有牙齒的翼龍喔！

鳥類和翼龍的羽翼差異

鳥類和翼龍都是經過演化後，變成能夠在空中飛行的動物，但兩者的飛行方式和羽翼構造大不相同。讓我們一起來看看有什麼不同吧！

一般鳥類

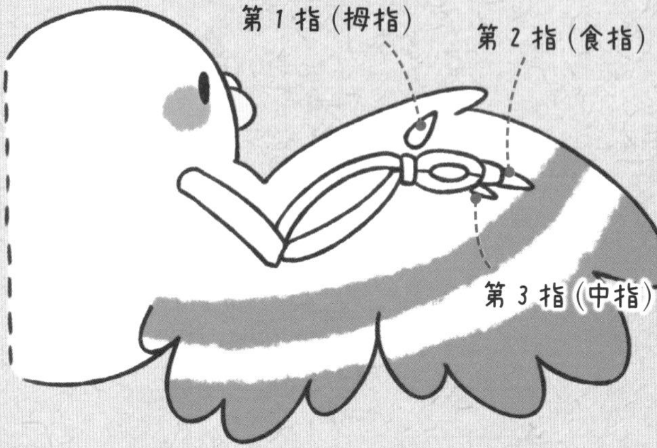

第1指（拇指）
第2指（食指）
第3指（中指）

鳥類的羽翼是因為前肢長出羽毛而形成，其前肢擁有第1指（拇指）、第2指（食指）和第3指（中指）共3根指頭。鳥類擁有直接長在翼骨上的飛羽，牠們就是靠著飛羽帶來飛行能力。另外，鳥類必須用力振動羽翼好讓自己飛起來，所以擁有強而有力的大塊肌肉。

I ♥ DINOSAURS

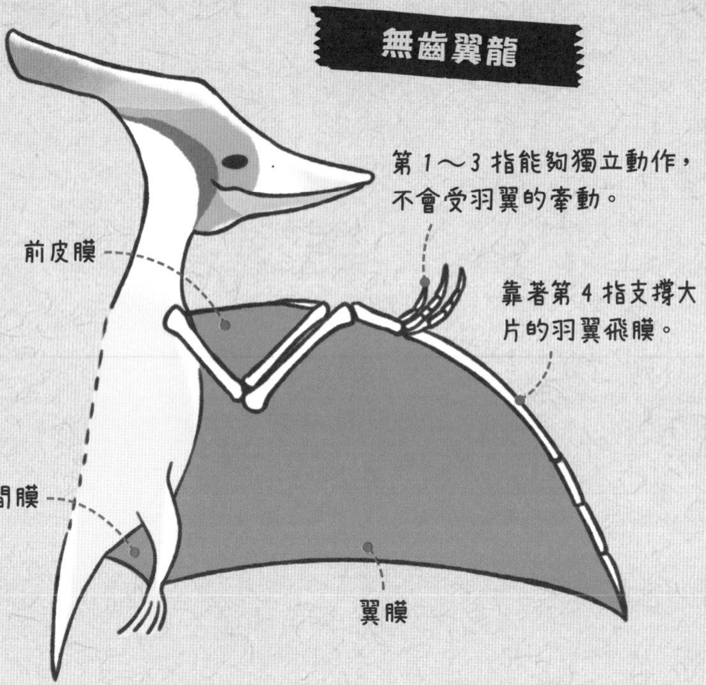
無齒翼龍
第 1～3 指能夠獨立動作，
不會受羽翼的牽動。
前皮膜
靠著第 4 指支撐大
片的羽翼飛膜。
腿間膜
翼膜

翼龍類的前肢第 4 指（無名指）十分修長，可撐開延伸到後肢的皮膚薄膜，也就是「皮膜」。至於另外 3 根指頭，根據推測，翼龍類可自由動作這 3 根指頭，也幫助了牠們在陸地上行走。讓翼龍類擁有飛行能力的皮膜除了靠第 4 指支撐的最大一片「翼膜」之外，還有從腕部延伸到肩部的「前皮膜」，以及從後肢延伸到尾部的「腿間膜」。

4 章

優游自在型的古生物

SUISUI

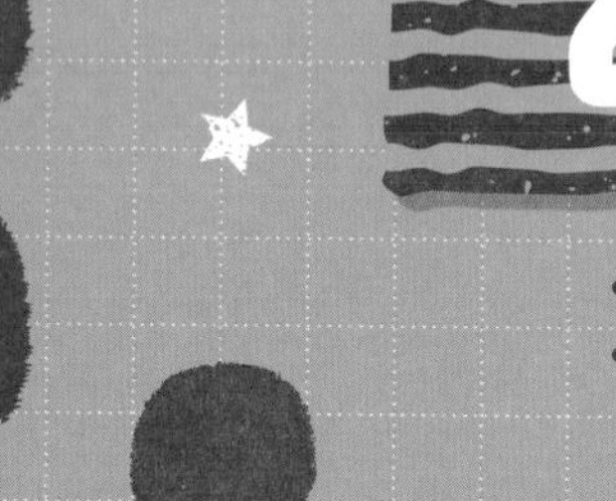

p.160

好短的脖子喔！
會是什麼動物的同類呢？

你知道古生物的祕密嗎？

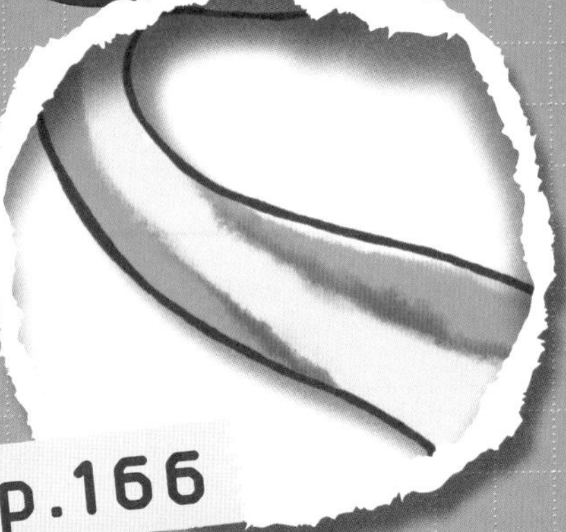

p.166

這是脖子嗎？
還是尾巴？

p.156

中生代時期
也有鯨魚嗎？

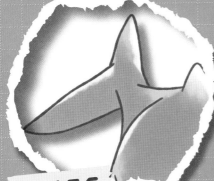

p.158

圓滾滾的大眼睛，
好可愛喔！

FILE_053

秀尼魚龍

最重量級的魚龍

垂直生長的尾鰭
龐大身軀
細長嘴巴

近似鯨魚的爬蟲類

在魚龍類當中，秀尼魚龍是最重量級的一種。秀尼魚龍長得很像魚類，但其實屬於爬蟲類。牠們的體型雖然酷似鯨魚，但尾鰭的生長方式和鯨魚不同。鯨魚的尾鰭呈現水平狀，而秀尼魚龍的尾鰭和魚類一樣呈現垂直狀。

DATA

- 分類：魚龍目
- 體型：全長約15～21公尺
- 分布：美國、加拿大
- 時期：三疊紀後期

真是一點也不像爬蟲類呢！

鯨魚？

我以為是什麼怪物，原來是秀尼魚龍啊！
哈囉～
你這麼龐大的體型真的好像鯨魚喔！
你究竟是哪一類的動物啊？
爬蟲類喔～
要是城市裡出現這麼大隻的蜥蜴……
城市是什麼東西啊？
應該會像怪獸來襲吧。

小島？

大海實在太遼闊了，飛得我好累喔～
喔！前方好像有座小島！
飛過去休息一下好了！
呼～
請慢慢休息，別客氣喔～
好的，謝謝！
小、小島會說話?!

冷知識 根據推測，因為秀尼魚龍是原始魚龍，所以牠們的背鰭有可能很小，甚至可能沒有背鰭。

FILE_054

大眼魚龍

大眼睛的魚龍

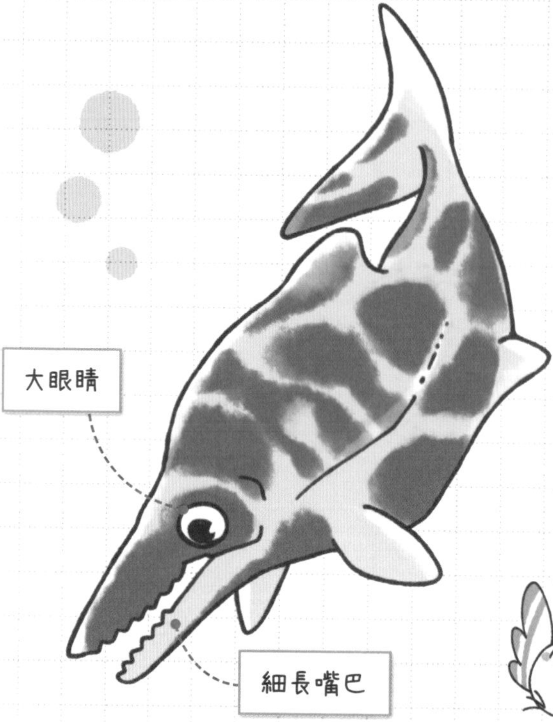
大眼睛
細長嘴巴

眼睛好可愛喔！

潛水高手

在魚龍類當中，大眼魚龍是眼睛最大的一種，牠們的眼睛直徑足足有23公分長！根據推測，大眼魚龍因為擁有大眼睛，所以在黑暗海裡也能夠看得一清二楚。大眼魚龍能夠潛水到水深超過500公尺以上的深海處，也能夠長距離游泳。

DATA

- 分類：魚龍目
- 體型：全長約6公尺
- 分布：美國、英國
- 時期：侏羅紀中期～後期

大眼魚龍的眼睛大
得就像深海魚呢！

海中狩獵高手

鯊、鯊魚出現了！
滑動
我不是鯊魚喔～
我是海中狩獵高手！
大家都叫我大眼魚龍！
發光
你最好把我的英姿深深烙印在眼裡！
嘩啦！
明亮眼眸
臉紅……
眼睛又大又圓的，好可愛喔！

一流功夫

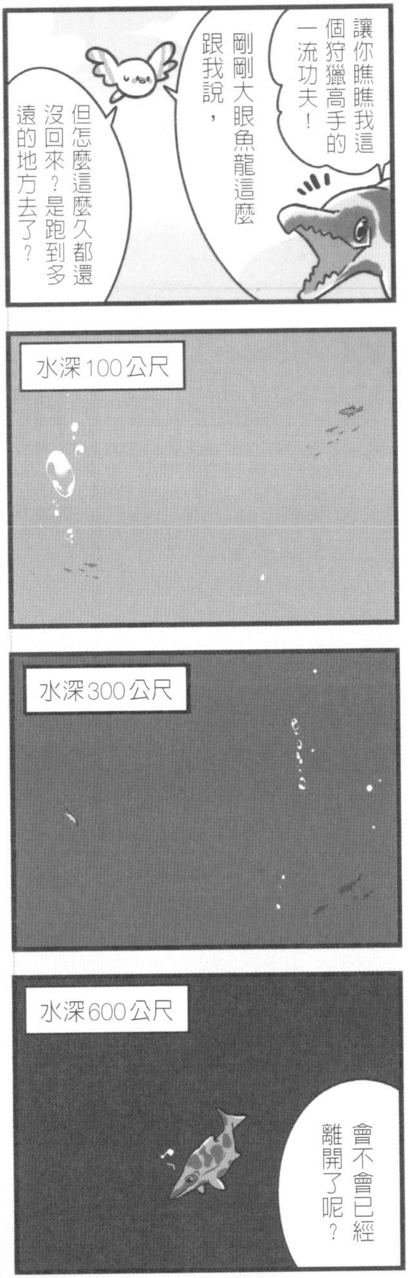
讓你瞧瞧我這個狩獵高手的一流功夫！
剛剛大眼魚龍這麼跟我說，
但怎麼這麼久都還沒回來？是跑到多遠的地方去了？
水深100公尺
水深300公尺
水深600公尺
會不會已經離開了呢？

冷知識 根據推測，魚龍應是在體內孵卵，再產下寶寶的卵胎生動物。

克柔龍

最重量級的蛇頸龍

巨大頭部

鰭狀肢

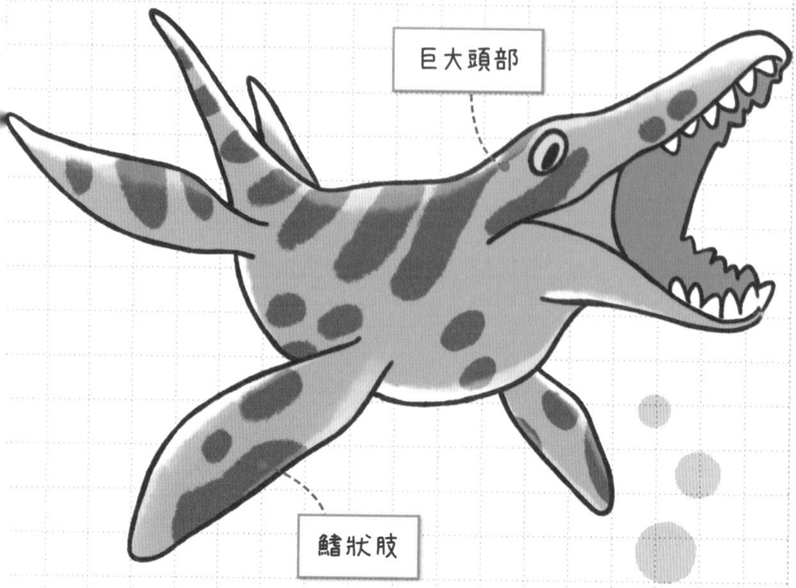

頸部粗短的蛇頸龍

克柔龍是最重量級的蛇頸龍，光是頭部就有2.7公尺長。雖然牠們的頸部粗短，但屬於蛇頸龍的同類，頸部粗短，並且擁有長達25公分的尖牙。根據推測，克柔龍是以魚類、魷魚以及其他海洋爬蟲類為食物。

DATA

● 分類：蛇頸龍目
● 體型：全長約13公尺
● 分布：澳洲
● 時期：白堊紀初期

克柔龍也有尖銳的牙齒呢！

神之名

你的學名Kronosaurus裡的「Krono」是神的名字吧？
是啊！一點也沒錯！
我記得是時間之神，對吧？
你說的是Kronos，不同人來的。
本大爺是連自己的孩子也一個一個吞下肚的神！
呵呵…
靠這個巨大顎部一口吞下獵物，
這實在太符合本大爺的作風了！
好大呀～

海中強者

本大爺現在飢腸轆轆，小心別隨便靠近我啊！
咕嚕～…
哪怕是鯊魚，本大爺也照樣吃下肚。
張大嘴巴
蛇頸龍也是本大爺的主食！
本大爺所向無敵！
只要不下水，就沒什麼好怕的啊。

冷知識　擁有粗短頸部、巨大頭部的蛇頸龍類被分類於「上龍科」喔！

短脖子的蛇頸龍

分類

我們蛇頸龍可分成兩大類！
一種是長脖子的小頭蛇頸龍。
另一種是短脖子的大頭蛇頸龍，本大爺就屬於這一種。
真的喔！
本大爺的頭部巨大，所以尖牙也相當巨大!!
真的耶！好驚人喔！
等一下！你明明脖子很短，為什麼會分類到蛇頸龍……
撲通！
本大爺要去覓食了！
喂！

屬於上龍科的短脖子蛇頸龍

克柔龍雖然是蛇頸龍的同類，卻沒有長長的脖子。

蛇頸龍在分類上，分成了擁有小頭、長脖子的薄板龍科，以及大頭、短脖子的上龍科。隨著演化，短脖子的上龍科蛇頸龍的頭部變得巨大，並且擁有強韌堅固的顎部，也變得會捕食海中的其他爬蟲類或大型魚類。

屬於薄板龍科的長脖子蛇頸龍

薄板龍科蛇頸龍就如其名，有著像蛇一樣的小頭、長脖子特徵。牠們的頸椎數量隨著演化逐漸增加，脖子也因此變長。不過，根據推測，薄板龍科蛇頸龍不太能夠柔軟彎曲牠們的長脖子，也無法像天鵝一樣在水面上高高抬起脖子。針對薄板龍科蛇頸龍當初如何運用長脖子這個問題，有很多不同的說法。在日本發現的雙葉龍也是屬於薄板龍科的蛇頸龍喔！

擁有長脖子的蛇頸龍

薄板龍

長脖子

巨大的鰭狀肢

小頭

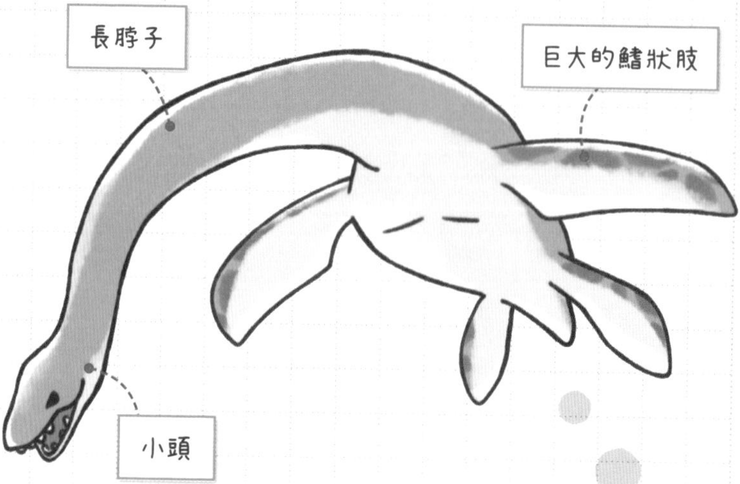

驚人的頸椎數量

薄板龍擁有非常長的頸部，頸椎數量多達72節。薄板龍長有許多圓錐狀的牙齒，根據推測應是以魚類和魷魚為食物。有一說法表示薄板龍之所以會演化成長脖子，是為了讓自己能夠在不易被察覺之下靠近魚類。

✂ DATA

- 分類：蛇頸龍目
- 體型：全長約14公尺
- 分布：美國
- 時期：白堊紀後期

人類的頸椎數量
是7節喔！

長脖子

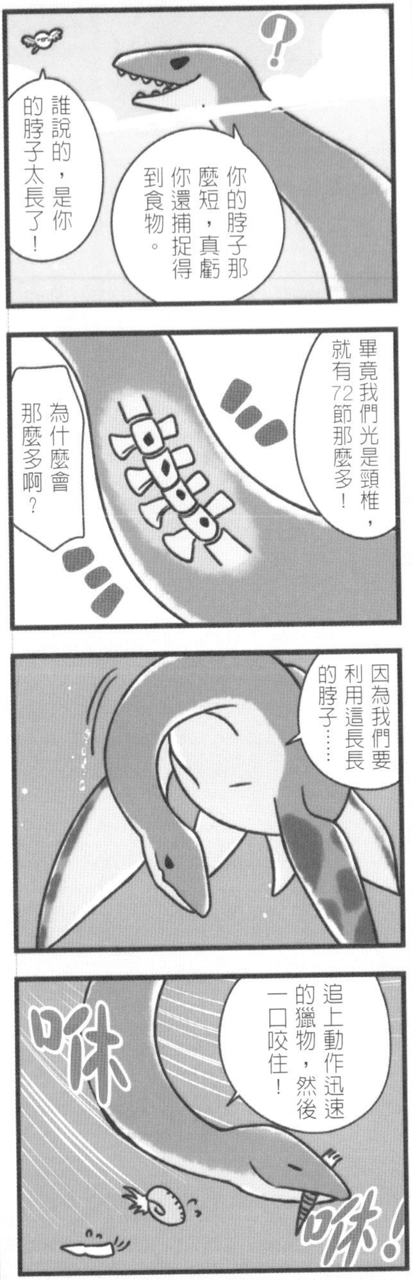
?
你的脖子那麼短，真虧你還捕捉得到食物。
誰說的，是你的脖子太長了！
畢竟我們光是頸椎，就有72節那麼多！
為什麼會那麼多啊？
因為我們要利用這長長的脖子……
追上動作迅速的獵物，然後一口咬住！
咻
咻！

拿手本事

中生代時期的海洋也很漂亮呢！
緩緩靠近…
哇！是菊石耶！
一口
咬下！
哇啊！
嚇我一大跳！
畢竟在不被察覺之下靠近獵物是我的拿手本事！

冷知識 有一說法表示薄板龍因為擁有長脖子，所以很容易捕食海底動物。

FILE_057

雙葉龍

被高中生發現化石的蛇頸龍

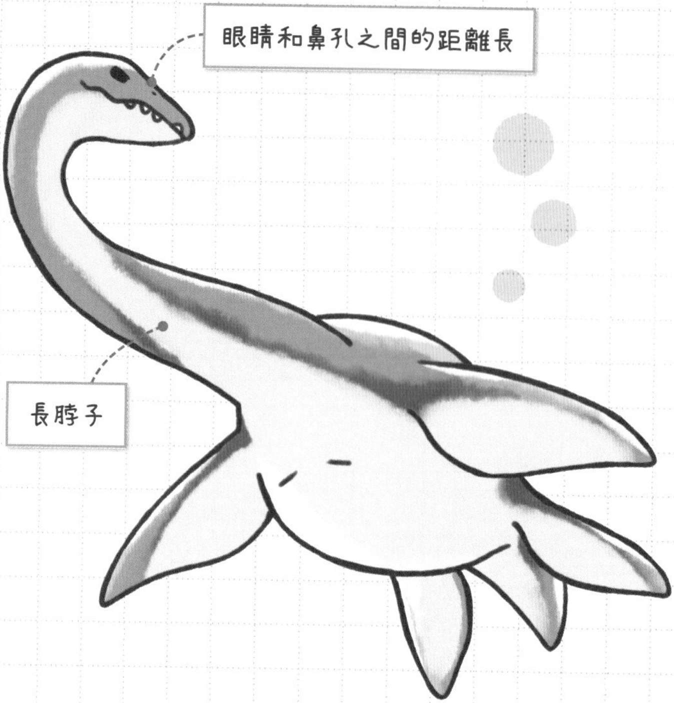
眼睛和鼻孔之間的距離長
長脖子

花了38年的時間才被認定為新屬

雙葉龍是在日本以最完整狀態被挖掘到的薄板龍科蛇頸龍。

1968年，一位名叫鈴木直的高中生，在日本福島縣的「雙葉層群」的地層發現了雙葉龍化石，而且幾乎保有完整的全身部位。而直到2006年，雙葉龍才被認定為新屬，並且有了正式學名。

DATA

- 分類：蛇頸龍目
- 體型：全長約7公尺
- 分布：日本（福島縣磐城市）
- 時期：白堊紀後期

竟然是一個高中生發現了化石，真是太了不起了！

無名氏

*Futabasaurus爲雙葉龍的學名。

暱稱

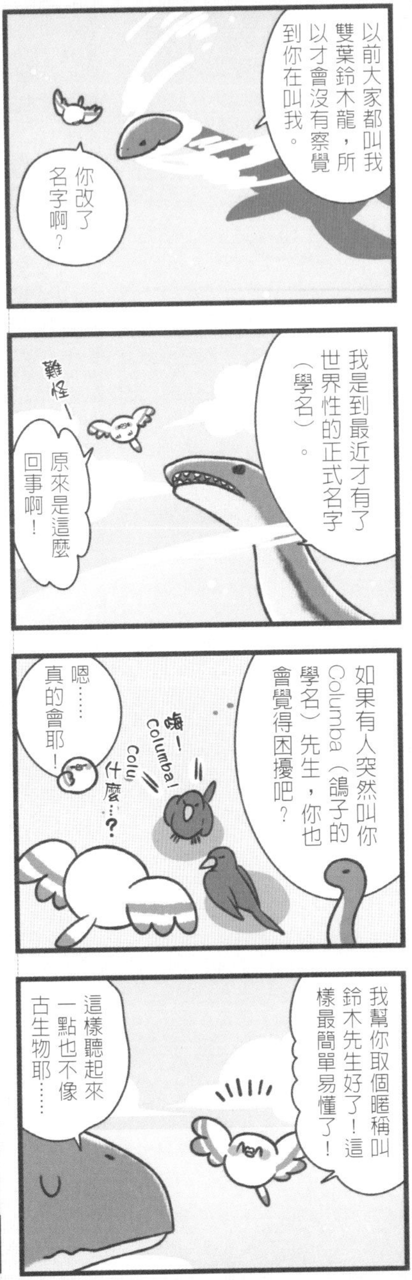

以前大家都叫我雙葉鈴木龍，所以才會沒有察覺到你在叫我。
你改了名字啊？
我是到最近才有了世界性的正式名字（學名）。
難怪～
原來是這麼回事啊！
如果有人突然叫你Columba（鴿子的學名）先生，你也會覺得困擾吧？
嗨！Columba！
Colu什麼…？
嗯……真的會耶！
我幫你取個暱稱叫鈴木先生好了！這樣最簡單易懂了！
這樣聽起來一點也不像古生物耶……

冷知識 在挖掘到的雙葉龍化石上，還發現了鯊魚的牙齒刺在骨頭上呢！

FILE_058

滄龍

海中的巨大爬蟲類

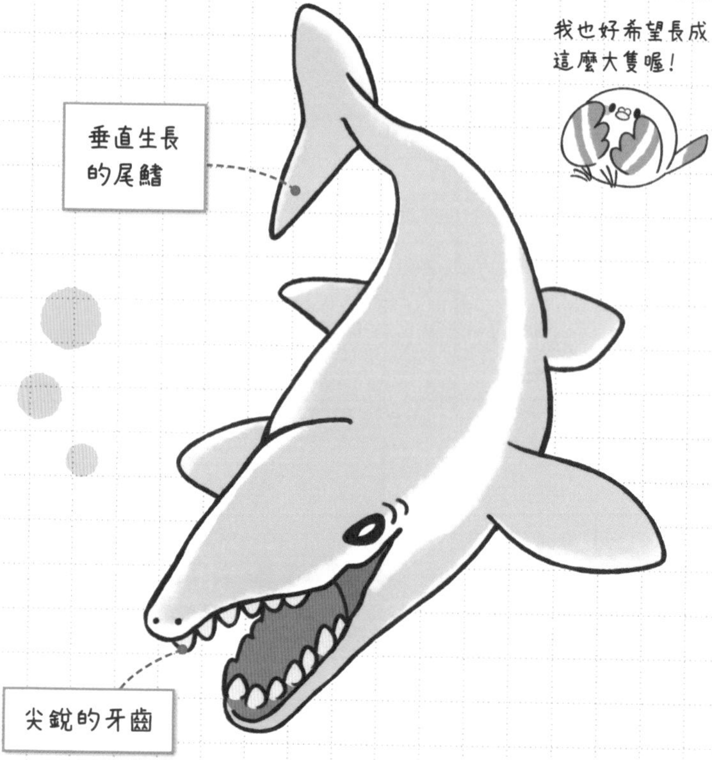
我也好希望長成
這麼大隻喔！
垂直生長的尾鰭
尖銳的牙齒

海中蜥蜴

滄龍是以大海為棲息地的大型爬蟲類，擁有呈現鰭狀的四肢。滄龍屬於蜥蜴、蛇的同類，尤其跟巨蜥更是屬於近親關係。滄龍的頭部和鱷魚長得很像，根據推測，牠們是以魚類、魷魚、菊石或貝類為食物。

DATA

- 分類：有鱗目
- 體型：全長約17公尺
- 分布：歐洲、北美
- 時期：白堊紀後期

感覺上，滄龍像
是長得像鱷魚的
魚類。

厲害角色

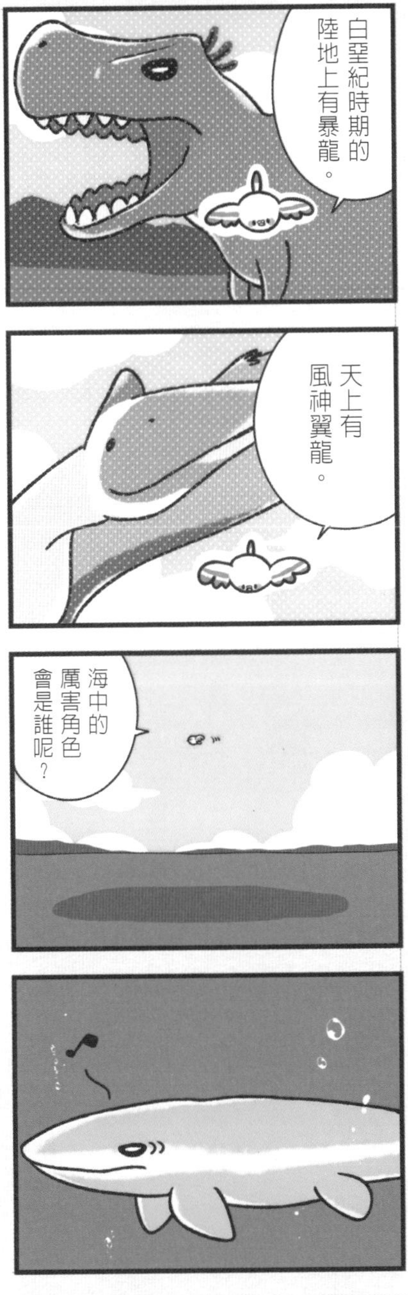
白堊紀時期的陸地上有暴龍。
天上有風神翼龍。
海中的厲害角色會是誰呢？

冷知識 根據研究已經得知滄龍類的尾鰭呈現分叉狀喔！

未來有一天

哇！流星耶！
我雖然對自己的龐大體型很有自信，
但根本碰不到那閃閃發光的星星。
那是一定的啊！星星距離那麼遠。
未來有一天，宇宙的行星會撞上地球，恐龍們將會……
……
怎麼了嗎？
沒有，沒事的。

I ♥ DINOSAURS

小行星撞擊地球

大約在6600萬年前，恐龍不幸滅絕了，人們猜測造成滅絕的主要原因是小行星撞擊地球。

在墨西哥的猶加敦半島，留有小行星撞擊地球後所形成的撞擊痕跡（撞擊坑），撞擊坑的直徑超過10公里以上。根據推測，這次的行星撞擊導致大量的塵埃飛揚而遮擋住陽光，地球環境因此有了極大的改變，不僅植食性恐龍視為食物的植物枯死滅絕，幾乎所有恐龍也因此不幸滅絕。

不幸滅絕的生物和幸運存活的生物

據說在幾乎所有恐龍都走上滅絕的同時，當時也有大約70％的生物不幸滅絕。

舉例來說，蛇頸龍和滄龍的同類也都不幸滅絕。另一方面，像是哺乳類、鳥類、鱷魚和烏龜等生物則幸運存活下來。不幸滅絕的生物和幸運存活的生物之間，究竟有什麼不同呢？對於這個謎題，到現在仍然有許多研究家為了尋求答案而努力著。

column

恐龍的子孫

夢想

嗯……
怎麼了嗎？
我跟你明明長得很像，為什麼我卻不會飛呢？
像是我們的體重，就有著天壤之別啊。
好希望有一天我也能夠在空中飛翔喔～
或許在遙遠的未來，你就會飛了也說不定。
真的嗎？!
真的啊，我的祖先大人～

I ♥ DINOSAURS

column

有羽毛恐龍

1996年，人們在中國遼寧省發現屬於獸腳類的中華龍鳥化石後，才第一次得知世上存在過擁有羽毛的恐龍（有羽毛恐龍）。

根據推測，有羽毛恐龍的羽毛最初不是為了在空中飛翔而存在，而是被利用來維持體溫、保護身體或分辨同類。

後來，出現了像小盜龍、近鳥龍那樣會利用羽毛在空中飛行的有羽毛恐龍，鳥類就是從這些有羽毛恐龍當中演化而來。

演化成鳥類的過程

根據推測，獸腳類恐龍從初期就擁有內部呈現中空構造的輕盈骨頭，以及現代只有鳥類才擁有的「叉骨」。不久後，獸腳類恐龍的羽毛和翅膀逐漸發達，也開始擁有可自由活動的左右手腕。這些特徵都是現代的鳥類得以具有飛行能力的身體構造。

除此之外，也有部分獸腳類恐龍的後肢拇指朝向後方生長，讓牠們能夠抓住樹枝在樹上棲息。部分恐龍就這樣逐漸演化成鳥類，讓牠們的姿態一直保留到現代。

科學驚奇探索漫畫系列！

《恐龍白堊紀冒險》
人類和恐龍生存的世界
有哪裡不同？

《昆蟲世界大逃脫》
生物的種類，
有半數以上都是昆蟲。

《人體迷宮調查！食物消化篇》
食物吃進肚子裡後，
是怎麼變成糞便的？

《人體迷宮調查！血液冒險篇》
莎拉老師每天容光煥發的祕密
是什麼？

《病毒入侵危機！》
認識身體裡強大的防衛隊！

《驚！怪物颱風來啦！》
愈來愈多的氣候異象，
地球怎麼了？

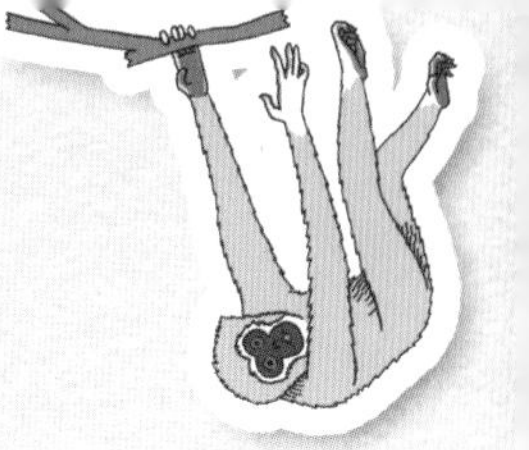

《為什麼只有地球能住人？》

世界上最成功的「自助旅行聖經」出版社——孤獨星球，為孩子設計科普圖鑑囉！

《成語四格漫畫》

成語四格漫畫，一天一頁，晨讀 5 分鐘，從學到會！

《有淚不輕彈 動物圖鑑》

哭笑不得！含淚指數破表！總共 88 篇令人瞠目結舌、驚喜不斷的動物故事。

《飛上外太空》

一邊笑看喜劇演員逗趣述說外太空的種種，一邊學習入門太空科學知識！

國家圖書館出版品預行編目資料

悠哉悠哉恐龍圖鑑 / 加藤太一監修；かげ漫畫；
林冠汾譯. -- 初版. -- 臺中市：晨星，2020.06
面；公分. --（IQ UP；24）

譯自：ゆるゆる恐竜図鑑

ISBN 978-986-5529-08-6（平裝）

1.爬蟲類 2.通俗性讀物

388.794　　109005798

線上填寫本書回函，
立即獲得50元購書金。

IQ UP 24

悠哉悠哉恐龍圖鑑
ゆるゆる恐竜図鑑

監修	Museum Park 茨城縣自然博物館研究專員 加藤太一
漫畫	かげ
譯者	林 冠 汾
原著編輯協力	株式会社サイドランチ
責任編輯	陳 品 蓉
封面設計	鐘 文 君
美術設計	黃 偵 瑜
創辦人	陳 銘 民
發行所	晨星出版有限公司 407 台中市西屯區工業 30 路 1 號 1 樓 TEL：04-23595820　FAX：04-23550581 行政院新聞局局版台業字第 2500 號
法律顧問	陳思成律師
初版	西元 2020 年 06 月 20 日
再版	西元 2021 年 01 月 15 日（二刷）
總經銷	知己圖書股份有限公司 106 台北市大安區辛亥路一段 30 號 9 樓 TEL：02-23672044 / 23672047　FAX：02-23635741 407 台中市西屯區工業 30 路 1 號 1 樓 TEL：04-23595819　FAX：04-23595493 E-mail：service@morningstar.com.tw
網路書店	http://www.morningstar.com.tw
訂購專線	02-23672044
郵政劃撥	15060393（知己圖書股份有限公司）
印刷	上好印刷股份有限公司

定價 280 元

（缺頁或破損，請寄回更換）

ISBN 978-986-5529-08-6